海洋溢油
生态损害赔偿技术与实践

曹玲珑　编著

中山大學出版社
SUN YAT-SEN UNIVERSITY PRESS
·广州·

图书在版编目（CIP）数据

海洋溢油生态损害赔偿技术与实践/曹玲珑编著．—广州：中山大学出版社，2021.12

ISBN 978 - 7 - 306 - 07387 - 7

Ⅰ．①海…　Ⅱ．①曹…　Ⅲ．①海上溢油—海洋污染—赔偿—研究　Ⅳ．①X55

中国版本图书馆 CIP 数据核字（2020）第 257745 号

出　版　人：王天琪
策划编辑：曾育林
责任编辑：梁嘉璐
封面设计：曾　斌
责任校对：林　峥
责任技编：靳晓虹
出版发行：中山大学出版社
电　　话：编辑部 020 - 84110776，84113349，84111997，84110779，84110283
　　　　　发行部 020 - 84111998，84111981，84111160
地　　址：广州市新港西路 135 号
邮　　编：510275　　　　传　真：020 - 84036565
网　　址：http://www.zsup.com.cn　　E-mail：zdcbs@mail.sysu.edu.cn
印　刷　者：广东虎彩云印刷有限公司
规　　格：787mm×1092mm　1/16　15.5 印张　288 千字
版次印次：2021 年 12 月第 1 版　　2021 年 12 月第 1 次印刷
定　　价：48.00 元

编　委　会

前　言

随着世界各国对石油需求量的不断增加、海洋石油勘探开发活动的加剧、船舶载油量的增加及海上运输航线的增多，我国由运输、储存不当及其他情况造成的海洋溢油事故的概率不断增加。迄今为止，尽管我国从未发生过万吨以上的特大船舶溢油事故，但特大海洋溢油事故险情不断。有专家认为，我国海域可能是未来溢油事故的多发区和重灾区。

船舶发生溢油事故和海洋石油开发井喷溢油不受人们的控制，以及船舶具有流动性、油轮吨位趋于大型化的特点，使溢油具有性质复杂、危害严重、应急处置困难等特性。因此，一旦发生溢油，油类必将大量、集中地流入海洋。这对海洋生态系统的危害相当严重，其带来的一些负面效应在短时期内难以消除，将产生长期影响。

在海洋溢油事故发生后，一项重要的工作是尽快开展海洋溢油生态损害评估与损害赔偿工作。由于我国海洋溢油生态损害赔偿技术研究尚处于探索阶段，海洋溢油生态损害赔偿工作仍存在"谁来赔""赔给谁""赔多少""如何赔""赔什么"等一系列关键问题。为了有效解决我国海洋溢油生态损害赔偿工作中的以上关键技术问题，本书本着科学性、全面性、可行性、数据可获取性的原则，从海洋溢油监测技术、海洋溢油生态损害特征、海洋溢油生态损害识别与因果关系判定、海洋溢油生态损害货币化评估、海洋溢油生态损害机制与模式、海洋溢油生态损害赔偿政策与工具等方面构建了一整套海洋溢油生态损害赔偿技术方法体系，并提供了国内外海洋溢油生态损害赔偿典型案例，希望为我国海洋溢油生态损害赔偿工作提供一整套理论与技术方法，也为推动我国海洋溢油生态损害赔偿技术研究提供系统性思路。

全书共分为九章。第一章为海洋溢油生态损害概述，第二章为海洋溢油生态损害因果判定技术，第三章为海洋溢油生态损害程度评估，第四章为海洋溢油生态损害价值货币化评估，第五章为海洋溢油生态损害赔偿的对象与模式，第六章为海洋溢油生态损害赔偿补偿管理制度探讨，第七章至第九章提供了三个典型的海洋溢油生态损害赔偿案例，分别是"CHANG TONG"货轮（巴拿马籍）海洋溢油事故生态损害赔偿案例、涠洲岛油田溢油事故生态损害赔偿案例和渤海石油开采平台溢油事故生态损害赔偿案例。由于研究的深度和水平有限，一些评估方法尚待实践工作的进一步检验，不妥之处在所难免，敬请各位同行和广大读者批评指正。

曹玲珑

2020 年 11 月

目　　录

第一章　海洋溢油生态损害概述

第一节　海洋溢油生态损害的概念与内涵

海洋溢油形式多种多样，污染规模不断扩大，造成了严重的生态破坏和巨大的经济损失，所带来的灾难不计其数。按照国际海事组织（International Maritime Organization，IMO）MARPOL73/78 附则 I 的 1991 年修正案所规定的"溢油量 50 吨及以上为重大污染事故"的标准，发生重大溢油的频率及风险程度越来越大。海洋溢油造成的损害范围将直接关系到责任人与受害人的切身利益，也直接关系到国家资源的持续开发利用与海洋环境的保护。为统一油污损害赔偿责任方面的国际法律以保护海洋环境，国际海事组织近 30 年来先后通过了《1969 年国际油污损害民事责任公约》《1969 年国际油污损害民事责任公约的 1976 年议定书》《1969 年国际油污损害民事责任公约的 1992 年议定书》《1992 年设立国际油污损害赔偿基金国际公约》《1992 年国际油污损害赔偿基金索赔手册》等系列指南，为油污损害系统评估和赔偿提供了方向性的指导，这些公约和手册里有对海洋环境损害索赔的规定。

海洋溢油生态损害是指因海洋石油、天然气勘探开发事故，海底输油管道运输事故，船舶碰撞，以及其他突发事故造成的石油或其制品在海洋中泄漏而导致的海域环境质量下降、海洋生物群落结构破坏及海洋服务功能损害。海洋溢油造成的生态损害范围十分广泛，不但包括对海洋生境（或海洋生态系统的非生物环境）的损害，还包括对海洋生物的损害。海洋溢油造成的生态损害评估的内容应该依据海洋生态系统的组成而开展，不同海域生态系统有不同的组成结构及功能特点，故据此开展的生态损害评估内容也可能有所不同。本书所指的海洋溢油生态损害不包括海洋渔业资源损害、水产养殖损害等。

一、国际公约对海洋溢油生态损害的规定

目前国际上就海洋溢油生态损害赔偿建立了两种相对独立和完整的赔偿制度。一种是以《1969 年国际油污损害民事责任公约》和《1971 年设立国际油污损害赔偿基金国际公约》及其相关议定书为基础建立的油污损害赔偿制度，属于国际公约；另一种是美国以《1990 年油污法》和油污责任信托基金为基础建立的赔偿制度，属于国内法。

上述公约和法规中所指的"油污"是指油类造成的污染，《1969 年国际油污损害民事责任公约》《1971 年设立国际油污损害赔偿基金国际公约》《1990 年油污法》对"污染损害"（pollution damage）一词的定义有极大的相似之处，基本上包括两方面的内容：①因油类物质溢出或排放，在该船（或其他输运载体）之外造成的灭失或损害；但对环境损害（不包括此种损害的利润损失）的赔偿，应限于已实际采取的合理恢复措施的费用。②预防措施的费用及预防措施造成的进一步灭失或损坏。

《1969 年国际油污损害民事责任公约》第一条第六款对"污染损害"做了界定，是指船舶溢出或排放油类（不论这种溢出或排放发生在何处）在运油船舶本身以外产生污染而造成的灭失或损害，并包括采取预防措施的费用及由于采取预防措施而造成的进一步灭失或损害。由此规定可以看出，根据该公约，油污损害范围包括以下三部分：

（1）船舶溢出或排放油类在运油船舶本身以外产生污染而造成的灭失或损害。强调污染与损害之间应存在直接的因果关系，如油污造成海水养殖物的死亡，油污造成人类直接接触后受到伤害，等等。船舶溢出的油类浮于海面并发生爆炸或火灾而造成的损失不能依该公约得到赔偿，因为造成这种损失的直接原因是爆炸或火灾，而不是污染。

（2）采取预防措施的费用。该公约第一条第七款规定：预防措施是指油污事件发生后，为防止或减轻污染损害，而由任何人所采取的任何合理措施。如向漂浮在海面的油污喷洒消油剂，运用船舶打捞浮油，为防止浮油扩散而设置围油栏等。

（3）由于采取预防措施而造成的进一步灭失或损害。如向海面上的漂油喷洒消油剂，消油剂具有毒性，因此造成对海洋生物的损害，以

及在其喷洒过程中人员中毒受到伤害等，均可得到赔偿。

从解释上看，污染所造成的间接损失，如渔民、旅游业经营人和旅游区的其他人等遭受的损失，不属于该赔偿范围。根据《1971 年设立国际油污损害赔偿基金国际公约》，对于这些间接损失，原则上予以赔偿，但由于这种损失数额很难确定，在实践中，该公约采取实用主义的做法。只要索赔人证明油污事件与其损失有直接关系，根据与索赔人进行的和解协商，按双方同意的合理估计的数额予以赔偿。例如，渔民提出许多收入损失索赔，基金会要求渔民提供前几年的生产值作为证据，同遭受油污当年生产的情况进行比较，再考虑其他因素，如受到影响的渔区范围和市场价格的变化等，得出由于油污事件渔民受到损失的估计数额。《1969 年国际油污损害民事责任公约的 1992 年议定书》将船舶逸出或排放油类前所采取的预防措施的费用及因采取措施而造成的进一步损害，也归入油污损害的范围，而且表明污染损害导致的利润损失是可以索回的，当损失与请求人的财产损害无关时也是如此。当污染事故波及海岸时，丧失收入的渔民和海边旅店主、饭店和商店经营人均能够得到补偿，但他们必须证明上述污染损害与遭受的利润损失之间存在直接的因果关系。

从《1969 年国际油污损害民事责任公约的 1984 年议定书》开始，以后的《1969 年国际油污损害民事责任公约的 1992 年议定书》《1996 年国际海上运输有害有毒物质的损害责任和赔偿公约》和《2001 年燃油公约》均在前述条文的基础上增加了"对环境损害（不包括此种损害的利润损失）的赔偿，应限于已实际采取或将要采取的合理恢复措施的费用"。这显示出立法者对于环境生态问题的重视，其力图通过公约反映环保思想。但这些公约仍回避对赔偿范围的直接规定。

《1969 年国际油污损害民事责任公约》补充的基金公约规定的赔偿范围与《1969 年国际油污损害民事责任公约》应是相同的。由于《1969 年国际油污损害民事责任公约》对赔偿范围只做了原则性规定，可操作性不强，因此国际油污赔偿基金编写了索赔手册。该手册针对赔偿范围的问题做了细致的规定，包括清污操作、财产损失、相继经济损失和纯经济损失，以及环境资源的损失等。但该手册只是技术性文件，许多国家在审理案件时根本不考虑该手册的规定，甚至拒绝以该手册作为审理的参考，仅根据本国的法律原则进行案件的审理。

《1969 年国际油污损害民事责任公约》及其议定书对污染损害下定义，采用的是概括的表述方法，只是规定了认定污染损害的原则，即"因污染而产生的灭失或者损害"，但对污染损害的一般范围没有做出列举。公约将"灭失或者损害"的含义交由各缔约国的国内法解决。由于各国立法不同，因此不同国家对公约的"因污染而产生的灭失或者损害"认定范围差别很大，如纯经济损失、环境损害等，在有些国家可以得到赔偿，而在有些国家则不被认为是公约规定的污染损害。为了使公约的缔约国在处理船舶油污赔偿上能有一个统一标准和参考，1994 年 10 月，国际海事委员会（Comite Maritime International，CMI）第 35 届国际会议通过了《国际海事委员会油污损害指南》（CMI Guidelines on Oil Pollution Damage）。但《国际海事委员会油污损害指南》只是国际海事委员会的一个文件，不是国际公约，在法律上没有约束力。

二、美国《1990 年油污法》（Oil Pollution Act，OPA）及其他国家对海洋溢油生态损害的规定

为了建立油污损害赔偿制度和建立油污损害赔偿基金，1990 年 1 月 23 日美国议会通过了《1990 年油污法》。对自然资源损害的相关条款可能是《1990 年油污法》最具特色的方面。"自然资源"被定义为包括美国（含专属经济区）、任何州、地方政府、印第安部落或任何外国政府所属、管理、托管或进行地方控制的陆地、鱼类、野生生物、生物群落、空气、地表水、地下水、饮用供水和其他此类资源。自然资源的破坏性损害、毁坏、习惯性损失费，以及评估这些损害的合理费用，仅能由美国政府、州政府、印第安部落或外国政府指定的委托人来进行补偿。受托人的主要责任是：①对他们所属、管理或与他们各自区域相关的自然资源进行损害评估；②根据委托关系制订和执行一项关于自然资源恢复、改善或等量获取的计划。由受托人进行的损害评估在遇到行政或司法挑战时，受托人必须进行正当反推。很明显，产生的问题可能包括受托人的重复补偿要求。《1990 年油污法》现在尚无解决此种矛盾的机制。但是，该法令的确禁止来自责任人的对同一事故中自然资源损害的双倍补偿。

在评价自然资源损害的价值尺度时，《1990 年油污法》提供了更多

的指导。自然资源的价值尺度是：①对于受损自然资源的恢复、改善、更新和等量获取的费用；②这些自然资源紧急恢复后减少的价值；③评估这些损害的合理费用。

美国国会已提出了在可能时恢复资源的优先措施，然而这些措施是有争议的。虽然恢复常常是最费钱却也是最有效的措施，但是恢复费用也许仍不能与资源本身的价值相提并论。另外，环境专家们也怀疑人类将自然资源恢复到它原始状态的能力。

加拿大并不排除国际公约的适用性，其实行的是两套机制同时运行、互相补充。其在制定国内法律条文时注意到了与国际接轨的统一问题，因此，对油污损害的定义与《1969 年国际油污损害民事责任公约》是一致的。

1954 年，英国提出《国际防止海洋油污染公约》，它是防止船舶造成油污染的国际法首创。在英国，主要是通过普通法中的一般侵权责任来解决油污责任问题的，因此英国的普通法中并没有直接规定油污损害的定义。此外，由于英国是《1969 年国际油污损害民事责任公约》的成员国，因此在认定损害赔偿时，除普通法规定的一般侵权之外，还可依据公约规定的标准进行认定。

三、中国海洋溢油生态损害的规定

《中华人民共和国海洋环境保护法》第九十四条规定了"海洋环境污染损害"的含义，即"海洋环境污染损害，是指直接或者间接地把物质或者能量引入海洋环境，产生损害海洋生物资源、危害人体健康、妨害渔业和海上其他合法活动、损害海水使用素质和减损环境质量等有害影响。"这里的"海洋环境污染损害"的内涵显然应该包括海洋溢油生态损害，但两者不等同。此外，《中华人民共和国民法典》第一千二百二十九条规定"因污染环境、破坏生态造成他人损害的，侵权人应当承担侵权责任"。第一千二百三十四条规定"违反国家规定造成生态环境损害，生态环境能够修复的，国家规定的机关或者法律规定的组织有权请求侵权人在合理期限内承担修复责任。侵权人在期限内未修复的，国家规定的机关或者法律规定的组织可以自行或者委托他人进行修复，所需费用由侵权人负担"。可见，《中华人民共和国民法典》对污染损害赔偿问题做出了原则性的规定。

我国虽然已于1999年1月正式加入了《1969年国际油污损害民事责任公约的1992年议定书》，但是没有参加与之配套的基金公约，对于海上油污损害，我国没有构成一个完整的能给污染受害人适当和充分赔偿的制度框架，我国也是世界上唯一一个未建立油污损害赔偿机制的石油进口大国。国内法方面，我国目前没有专门的油污立法，油污损害赔偿的法律适用散见于《中华人民共和国民法典》《中华人民共和国海洋环境保护法》《中华人民共和国环境保护法》《中华人民共和国海商法》《中华人民共和国水污染防治法》等法律法规中。

在我国油污损害赔偿实践中，索赔者提起的赔偿请求往往集中于渔业资源损失。生态损害并不是指某个民事主体的利益所遭受的不利后果，而是人类行为对生态环境本身的消极影响，因而并不是我国现行法律上环境侵权责任要件中的"损害"类型。传统法律中受损害的客体主要是财产权利，因此传统民事权益之外的海洋生态损害就需要有全新理念的环境法来应对。《中华人民共和国宪法》第九条有"禁止任何组织或者个人用任何手段侵占或者破坏自然资源"的规定。《中华人民共和国环境保护法》赋予一切单位或个人"对污染和破坏环境的单位或个人进行检举和控告"的权利。《中华人民共和国海洋环境保护法》第九十四条第一款确定了"海洋环境污染损害"的定义，第九十条规定了"海洋生态损害赔偿"的法律责任，但没有明确其具体定义。因此，如何界定"海洋环境污染损害"和"海洋生态损害"的区别成为司法部门面临的难题。总的来看，我国海洋环境保护的法律法规多为原则性规定，并没有明确界定"生态损害"，也缺乏可操作性。即使《中华人民共和国海洋环境保护法》为海洋生态损害赔偿迈出了第一步，但目前为止可参考的成功案例也屈指可数，因此渤海溢油生态损害索赔在法律依据和参考案例上都难免乏善可陈。相比较而言，美国《1990年油污法》对"自然资源损害"的界定值得借鉴。该法规定，"自然资源"包括"陆地、鱼类、野生动物、生物群落、空气、地表水、地下水、饮用水供应系统和其他此类资源"。"自然资源损害"包括自然资源所有权和使用权的损害与损失。我国今后的溢油污染损害赔偿专项立法中应该结合国情采用广义且不失操作性的定义，还应纳入公共利益损失内容，例如，海域使用金、税收等国家收入损失，海洋环境价值减损、自然资源损失，以及公共服务费用等。

第二节 海洋溢油生态损害特点

海洋溢油在海洋环境中主要以漂浮在海面的油膜、溶解分散态（包括溶解和乳化状态）、凝聚态残余物（包括海面漂浮的焦油球及在沉积物中的残余物）三种形式存在。直接覆盖在海水表面的油膜使海域大面积缺氧，同时溢油溶解、乳化等作用形成的有机物毒性强，造成鱼虾、浮游生物、底栖生物等海洋动物大量死亡；溢油在风、浪、海流的作用下漂移至海岸，直接影响海岸养殖业的经济效益、破坏海滩的休闲娱乐价值，同时影响潮滩、红树林的防护作用。溢油的间接损害是通过破坏海洋生态系统中生物链的某些环节，导致海洋生态系统的各种服务功能（如大气调节、营养循环等）无法发挥原有的公益价值。总体来说，海洋溢油对海洋环境的生态损害主要表现在以下四个方面。

一、海面油膜影响海洋浮游植物光合作用

石油污染破坏海洋固有的 CO_2 吸收机制，形成碳酸氢盐和碳酸盐，缓冲海洋的 pH，从而破坏海洋中 O_2、CO_2 的平衡；油膜使透入海水的太阳辐射减弱；分散和乳化油侵入海洋植物体内，破坏叶绿素，阻碍细胞正常分裂，堵塞植物呼吸孔道。以上因素会破坏海洋食物网的中心环节——浮游植物光合作用，进而破坏食物链，导致生物死亡。油污染发生后，大片油膜切断了水下 60～90 厘米浮游生物所需要的光和 O_2。当海中的油达到一定程度时，就会影响浮游生物的细胞分裂和浮游植物的光合作用。石油中的芳烃可以破坏某些海藻中的叶绿素，从而影响这些海藻的初级生产力，不过也可以看到某些海藻在受到油污染后反而繁殖旺盛的现象。在污染严重的地方，某些藻类会全部死亡，恢复时间需要 2～3 年，有些藻类大量繁殖，于是出现海藻单一化现象，海洋生态环境遭到破坏。

二、海洋溢油影响海洋生物

溢油通过物理接触、食物摄取、吸收等途径对海洋生物产生影响。石油泄漏到海面，几小时后便会发生光化学反应，生成醌、酮、醇、酚、酸和硫的氧化物等，对海洋生物有很大的危害，而慢性石油污染的生态学危害更难以评估。浮油会污染水藻、鱼卵及各种无脊椎动物的幼体等。随后，以这些生物为食的鱼类也会受到污染。在食物链中，大型鱼类、鸟类、哺乳动物甚至人类也会因食用受污体而受到影响。

在溢油发生初期，影响最大的是与海水表面有直接联系的生物，如水鸟、海獭及近岸栖息生物。溢油会使部分海藻、海草等海洋植物物种灭绝，同时部分植物也会以石油中的有机物为养料而迅速繁殖，海洋植物的群落结构被改变。鱼类会因直接摄取受污生物而受到直接影响，鱼卵和鱼幼体对溢油极其敏感，会因此死亡或变畸；成体鱼会出现生长缓慢、肝脏增大、呼吸速率改变、体表腐蚀、无法产卵等现象。位于潮间带的底栖生物由于其趋利避害的能力较弱，因此受溢油的影响较大；同时部分泄漏后的油滴会黏附在海洋中悬浮的微粒上而沉落海底，与海底的底栖生物接触，污染海底的底质并损害底栖生物的健康。海鸟、部分哺乳动物身体沾到溢油后，会因皮毛丧失保温能力而冻死。

三、海洋溢油消耗海水中的溶解氧，导致海洋生态系统失衡

油膜覆盖影响海水复氧，石油分解消耗水中溶解氧，造成海水缺氧（据统计，1 升石油完全氧化达到无害程度，大约需要 40000 升的溶解氧），引起海洋中大量藻类和微生物死亡，厌氧生物大量繁衍，海洋生态系统的食物链遭到破坏，从而导致整个海洋生态系统的失衡。在石油污染严重的海区，赤潮的发生概率增加，虽然赤潮发生机理尚无定论，但应考虑石油烃类的影响。研究表明，高浓度石油烃可对海洋浮游植物生长产生抑制作用，低浓度石油烃可产生促进作用。石油污染影响多种海洋浮游生物的生长、分布、营养吸收、光合作用及浮游植物参与二甲基硫的产生与循环过程，由此可引发赤潮。例如，渤海发生赤潮的重点

水域往往也是石油烃类的高浓度区，主要包括莱州湾、渤海湾、辽东湾等沿岸水域。

四、海洋溢油影响浅水域及岸线

浅水域通常是贝类、幼鱼、珊瑚、海草等海洋生物活动或聚集最集中的场所。该类水域对溢油污染异常敏感，造成的危害也是多方面的。溢油会通过破坏岸线沙滩的清洁而影响整个海岸旅游业。沼泽、红树林和湿地等资源价值和敏感性极高，红树林被誉为"海岸卫士"，鸟类在落潮后于此觅食，幼鱼于涨潮时在此活动，这种水域净化污染物的能力很弱，溢油影响的周期很长，溢油会降低其对灾害的缓冲能力，间接影响到整个海洋生态系统。溢油抵岸后，将影响海洋水产养殖和盐业生产，甚至造成生产生活设施的破坏。而清除污染也将耗费大量的人力、物力和时间。此外，溢油抵岸还会制约沿岸旅游业的发展。

海洋溢油具有潜在性、延续性、缓慢性。大多数损害往往隐蔽于一个较为缓慢的量变过程，通常经过一定的时间后，在多种因素复合累积后才逐渐显现。由于海洋溢油发生的原因与损害结果的发生、内容及经过之间的关系往往不明确，因此要证明它们之间的因果关系非常困难。由于海洋溢油事故损害后果的表现形态的变异性，损害后果可能因为时过境迁或海洋环境的自身变异而被掩盖或湮没，从而增加科学评估的难度。

第三节　海洋溢油生态损害研究现状

发达国家对于溢油损害评估技术的研究始于 20 世纪 70 年代，到 20 世纪 90 年代已经初步形成较为成熟的评估技术体系。在溢油生态损害评估方面发展最早且最完善的国家是美国。美国早在 20 世纪 90 年代的《1990 年油污法》中就建立了溢油生态损失评估体系，除了美国的《自然资源损害评估手册》有对溢油造成的生态损害的规定，美国各州也都提出了相应的评估方法，其中，用于司法索赔较多的溢油损害评估技术主要有自然资源损害评估（natural resource damage assessment，NR-DA）和生境等价分析（habitat equivalency analysis，HEA）。

一、美国海洋溢油自然资源损害评估

美国海洋溢油生态损害评估以自然资源损害评估为主。自然资源是存在于自然界的空气、水、沼泽地、沙滩，以及栖息其间的动植物等的总称。之所以称为资源，是因为这些物质都可以为人类的生活与生产提供服务。海洋溢油生态损害评估的目的，是对其做出科学合理的赔偿，以促进其恢复本来面目。这种评估直到 1989 年"Exxon Valdez"溢油事故发生后才为公众所接受，在这之前，普遍认为自然资源是无人经营的，所以无须对其受损做出赔偿。随着环境意识的提高，自然资源受损应给予赔偿逐渐成为人们的共识。但自然资源受损评估是一件十分复杂的工作，其受损程度取决于油的品种、气候、动植物的生长规律及其栖息地的环境、治理方法等条件。

美国自然资源损害评估方法有两种：计算机耦合模型和经验公式。计算机耦合模型一般包括潮流模型、生物种群模型及损害评估模型等多个子模型，根据模型输出的数据来估算不同资源损失量。该方法计算精度较高，但评估周期较长、费用较高，适用于复杂情况下的大中型溢油。经验公式法一般将赔偿金额表示为关于溢油量、污染物毒性系数、环境敏感系数等变量的函数。该方法计算精度相对较低，但评估简便、耗时短，适用于中小型溢油。

（一）计算机耦合模型

运用计算机耦合模型进行损害评估的方法基本上包含多个子模型，一般都有一个潮流模型，用于模拟潮流状态；一个油的扩散和风化模型，用于预测油入海后的时空分布及其理化状态变化；一个生物种群模型，用于预测各类不同年龄段的生物的时空分布；一个损害评估模型，它根据前面三个模型输出的数据来估算不同资源的损失量。模型还配有环境敏感图和各类有关油类、水文地理、生物资源的数据库。

美国 Spaulding 于 1983 年提出了一个基于计算机运算的溢油对渔业的损害评估模型。这是以公式为基础的计算方法，输入的数据大多为现场监测或从资料上临时得到，特点是评估过程相对较慢。

后来美国相继推出了一系列用于评估溢油对自然资源损害的方法，如基于计算机计算的 Type A 评估模型（又叫 NRDAM/CME），该模型是由美国内政部（Department of the Interior，DOI）开发，用于评估油或有害物质的少量、简单、单一溢漏对自然资源损害的以公式为基础的计算方法。在这个方法里，计算机模型通过将特定溢油和特定地点的数据作为几个输入参数，估计溢油的范围、持久性和持续时间，然后模型更深入地利用受风险资源的数据库，包括它们的经济价值、恢复时间等，最后计算出损害赔偿金。它适用于中小型溢油。

这个模型经过了多次升级，到 1996 年 5 月出台的是 2.4 版和 Type B 评估模型 I。在 Type B 方法中，赔偿金由三个步骤决定：损害确定、损失服务的定量化、赔偿金的确定。损害确定步骤用于阐述并证实与溢漏有关的损害；损失服务的定量化步骤用于确定溢油所造成的由自然资源受损而导致的自然资源服务的减少量；赔偿金的确定步骤评估对应于服务减少或服务质量降低的货币量。这种方法的评估费用最高，它的采用常常表示托管人和负责部门将卷入官司。它适用于情况复杂的大型溢油。

挪威 Mark Reed、Deborah French 等用几年时间开发了一套用于大型石油化学品泄漏海洋环境影响评估的三维数值预测模型。该模型仅需用户输入基本的风海流参数，随之便可产生风时间序列和任意空间分辨网络的海洋流场，并建立几千种在用的石油化学品数据库，提供模型所需要的石油化学品生物毒性参数、海洋生物数据库、毒物对海洋生物影响剂量等参数，可以模拟不同时间步长污染物的理化状态，并由此计算石油化学品泄漏事故对海洋生物的影响程度和对环境的损害值。

1990 年，为应对"Exxon Valdez"溢油事故，美国国家海洋和大气管理局（National Oceanic and Atmospheric Administration，NOAA）承担了溢油评估的重任，通过了《1990 年油污法》。法案中提出了一种简化的 NRDA 模型，该模型综合了 Type A 和 Type B 模型，即溢油损害模型应用包（spill impact model application package，SIMAP）。该模型是 NRDA 模型的最新版本，包含物理归趋和生物效应两个子模型，利用可得到的多个站点的数据量化溢油损害，适用于任何海域的溢油事故评估。物理归趋模型估计了石油组分在海水表面、海岸、水体和沉积物中的分布情况。进入水体的石油存在状态包括表面油膜、乳化石油和焦油球、悬浮石油液滴、附着于悬浮颗粒物上的石油、分解后的低分子量组分（MAHs、PAl-Is 和其他可溶性组分）、在沉积物上或者沉积物中的石油、沉积物空隙水中溶解的低分子量组分（MAHs、PAHs 和其他可溶性组分）、沿岸沉积物中和水面的石油。石油物理归趋模型的输出数据包括石油覆盖的面积和水表的油层厚度、多种浓度可溶性芳烃的水体体积、悬浮油滴中各种浓度烃类的水体体积、表面沉积物中各种烃类浓度和可溶性芳烃浓度、受损海岸线长度和位置、每一段的石油体积，其中水体中可溶性芳烃的浓度用拉格朗日法计算。生物效应模型用来评估溢油造成的急性效应损失，计算受到溢油影响的种群或者资源数量或者比例。通过野生生物死亡率模型来计算鱼类、无脊椎动物及野生生物等的死亡率；通过石油毒性模型来确定水生植物的生产力损失或者低营养级动物的死亡率。该模型还考虑了生物的迁移性，通过生物类型、暴露浓度和时间来判定生物是否移动；将时空暴露状况与栖息地类型综合起来计算总的生物死亡率。

（二）经验公式

经验公式一般只适用于计算自然资源损害。
1. 华盛顿评估公式
1992 年 5 月，美国华盛顿州通过的该州溢油赔偿预审法规定：

$$受损费 = 溢油加仑数 \times 0.1 \times （油的短期毒性等级$$
$$\times 溢油短期毒性敏感等级 + 油对生物黏附等级$$
$$\times 油对生物黏附敏感等级 + 油的持久性等级$$
$$\times 溢油持久性敏感等级）$$

其中，受损费以美元为单位；溢油加仑数是根据回收的油水混合物、吸油材料回收的油及挥发等得到的估计量；0.1 是常数，用它来保持 1 加仑的溢油赔偿费用在 1～50 美元之间。

$$油的短期毒性等级 = [单环芳香族化合物在海水中的容量$$
$$\times 单环芳香族化合物的质量百分比 + 三环芳香族化合物在海水中的$$
$$容量 \times 三环芳香族化合物的质量百分比]/10^7$$

其中，容量均以毫克/升为单位。

溢油短期毒性敏感等级 = 栖息地短期毒性敏感等级
+ 鸟类敏感等级 + 哺乳动物敏感等级 + 鱼类敏感等级
+ 贝类敏感等级 + 休憩地敏感等级 + 鲑鱼敏感等级

其中，敏感等级分为 5 级，第 5 级最为敏感，受损最重；第 1 级最不敏感，受损最轻。

2. 佛罗里达评估公式

与华盛顿评估公式相比，佛罗里达评估公式考虑了地理环境的因素，评估结论更全面一些。

$$赔偿金额 = (B \times V \times L \times SMA + A) \times PC + ETS + AC$$

其中，B 以每加仑 1 美元作为基数值；V 为流出的油或有害液体的加仑数；L 为地理位置系数（内陆为 8，近岸为 5，离岸污染事件或离岸 100 米港区以内，流出量少于 1 万加仑则取 1）；SMA 为环境敏感系数（列入保护地区、公园、娱乐场所、海岸、沿岸研究或渔业保留区取 2，其他地区取 1）；A 为动植物生长环境附加金额（每平方英尺珊瑚礁 10 美元，红树林或海草 1 美元，有动物的水底、沼泽地带 0.5 美元，泥沙地带 0.05 美元，沙滩长度每英尺 1 美元）；PC 为污染物的毒性、溶解性、持久性与消失性的综合系数（其值可为 1 ~ 8）；ETS 为濒危物种损失赔偿金（每死 1 头 1 万美元，受威胁者每头 5000 美元）；AC 为进行损害评估的行政费用。

三、生境等价分析评估

生境等价分析（HEA）方法是由美国国家大气与海洋管理局（NOAA）于 1995 年初提出的。NOAA 作为保护海洋及海岸资源的理事会，负责就油体泄漏、排放有害物质或物理损害（如船体搁浅）导致的自然资源的损害向事故责任方提出损害赔偿。1997 年底，NOAA 签发了 NRDA 指导手册，其中包括一个 HEA 的附录，该附录提出了一些该技术应用于珊瑚礁海岸和其他海洋生态系统受损赔偿的简单例子。在溢油及类似泄漏事件造成自然资源损害的区域，保护者和相关责任人越来越倾向于选择 HEA 作为技术方法来实现海洋生态功能的恢复与修复。

HEA 是用来确定原油泄漏或者其他有害物质排放而导致的自然资源损害索赔数量的方法。这种方法最主要的概念是，通过生境恢复项目提供另外同种类型的资源，用以补偿公众的生境资源的损失。生境包括珊瑚礁、潮间带湿地、河口软底质沉积物等。HEA 最直接的假定是公众愿意接受在一个损失的生境服务单元和一个恢复项目服务单元之间进行一对一交易（也就是公众可在受损位置和恢复位置获得等同的价值）。HEA 不是对资源进行一对一交换，而是对资源所能提供的服务进行一对一交换。假设一个湿地所提供的服务是初级生产力，取代项目中每英亩湿地提供受损湿地 50% 的生产力，为了每年损失的生产力恢复到平衡，取代计划就需要 2 倍的湿地面积。生境等价分析适用于提供的服务可比的情况。

HEA 的主要程序包括：

（1）证明和估算受损时间和范围，从事故发生直到资源恢复到本底值或最接近本底值的水平。

（2）根据生境总的生物情况，证明和估算补偿工程所提供的服务，平衡受损生境和补偿生境的生态参数，并假设两者具有相同类型和数量的生态功能。

（3）计算补偿工程的规模，使总增长量和总损失量相等。增长量的计算要注意结合经济预算标准，NOAA 建议在 HEA 应用中采用 3% 的折算率，该比率符合历次事件的平均值，也反映出社会对公共资源的补偿随着时间的改变而有所变化。

（4）计算补偿工程的费用，其中包括环境损害评估费用、工程设计费用、建设和监督费用及中期修正费用，如果责任方采取补偿措施，要详细列出其执行标准。

HEA 适用的情况包括：

（1）一个通用的公制（计量单位）可用来定义自然资源服务功能，其中原生境提供的服务功能与受损生境所提供的服务功能量值明显不同。

（2）资源和服务的变化（由于受损或取代项目）非常小，每单位服务功能的价值与服务功能的变化无关。当选择一个公制来评估每单位生境提供服务功能的质和量时，理事会需要确定这些服务的生产力、机会和盈利（也就是效益）及潜在赔偿项目的资产平衡结果（也就是谁损失和谁获利）。该生境的生物、物理、化学性质（如土壤、植被覆盖和水文）影响生态系统为人类提供的生态服务功能的生产力，地形情况影响生态系统是否有机会为人类提供生态服务功能，并且严重影响人类是否会选择其提供生态服务功能。

三、我国海洋溢油生态损害评估

我国海洋溢油生态损害评估技术的研究始于 20 世纪 90 年代。1996 年，农业农村部颁布了《水域污染事故渔业损失计算方法规定》，提出了用于计算自然资源损害的主要方法。其中规定：在难以用公式计算的天然渔业水域，包括内陆的江河、湖泊、河口及沿岸海域、近海，渔业损害评估采用专家评估法，主要以现场调查、现场取证、生产统计数据、资源动态监测资料等为评估依据，必要时将实验数据资料作为评估的补充依据。2008 年，农业农村部又推出了国家标准《渔业污染事故经济损失计算方法》（GB/T 21678—2008）。

熊德琪、殷佩海等在《船舶油污损害赔偿与索赔评估软件系统》中采用直接评估法和间接评估法来计算溢油造成的污染损害，将溢油造成的各种损害分为清污和防污措施费用、间接损失和纯经济损失、自然环境损害三类。王瑞军、雷孝平等在《大连湾船舶溢油损害评估及索赔系统》中认为环境损害主要包括下述内容：

（1）所有为了恢复、生养、替代及因自然资源遭破坏而需还原的费用，但这类措施必须符合下列准则：①这些措施的费用应是合理的；②这些措施的花费应该与其所带来的收益或者能合理地预测的收益相称；③这些措施应该是合适的并且有理由认为将是成功的。

（2）仍未能还原恢复期间的自然资源的贬值损失。

（3）计量/量化损害的合理费用。

同时，他们借鉴美国的华盛顿州自然资源损害评估公式，对其进行改进，给出了环境损害的计算公式：

$$G = f(w, SR, x) = W \times K \times SR \times (x_1 + x_2 + x_3)$$

其中，G 为自然资源损害赔偿金额；W 为溢油量；SR 为溢油区域的区域综合敏感度值；x_1、x_2、x_3 为油品特性等级值；K 为常数（单位体积的溢油的自然损害赔偿额），$K = 1, 2, \cdots, 50$。

可以看出，国内一些早期的研究对受损对象的确定不够全面，大多只是考虑对一些有形资源损害及经济损失的评估，包括渔业经济损失、清污费用和财产损失的评估等，并未能很好地意识到海洋除了可以提供给人类生活与生产所必需的自然资源及相关产品等有形的物质资料外，还有许多由系统产生的隐形的服务价值，包括维持生物多样性、调节气候、废物处理等多种价值，而溢油对这些价值造成的损害更是巨大的。这将使评估内容不全面，一大部分损失得不到赔偿。溢油损害赔偿不充分、不全面往往是海洋生态损害得不到充分赔偿的原因。

2007 年，国家海洋局颁布了海洋行业标准《海洋生态损害评估技术导则》（HY/T 091—2007），该标准是中国首个具有指导评估海洋溢油对环境和生态的损害的技术性文件，首次考虑了溢油给海洋生态带来的影响和损害。该标准规定了海洋溢油对海洋生态损害的评估程序、评估内容、评估方法和具体要求。该标准指出，生态损害评估费用分为四个部分，即海洋生态直接损害（包括生态服务损失和环境容量损失）、生境修复费用、生物种群恢复费和调查费。

四、现有海洋溢油生态损害评估研究存在的问题

借鉴现有的国内外溢油损害评估技术，分析目前国内的海洋溢油损害评估技术，发现存在的问题主要包括以下四个方面：

（1）评估时效性差。要完成现有的溢油的评估方法，多则需要 1～2 年，少则需要 1～2 个月，无法满足司法鉴定的要求。

（2）评估过程复杂烦琐，妨碍了溢油评估的快速性。

（3）数据库建设不完善，缺少系统、连续的海洋环境与生态背景监测数据。国外的溢油评估技术已经较为完善，但对基础资料要求较高，国内在借鉴时，往往由于缺少基础资料而不能使用。

（4）溢油损害评估针对性不强。我国海域广阔，不同海域的生态环境不同。由于不同海域的复杂性，在对不同的海域进行评估时，适用的方法不同。中国目前尚缺少针对不同海域的溢油损害评估方法。

随着研究的深入，溢油生态损害评估将朝着快速化、简单化、精确化的方向发展。要为溢油事故生态损害索赔案件提供技术支持，就必须不断研究令人信服的溢油生态损害评估方法，提高评估结果的准确度和可信度。

（曹玲珑　袁靖周）

第二章 海洋溢油生态损害因果判定技术

第一节 海洋溢油源诊断技术

海洋溢油源的诊断主要是指确定溢油源、溢油量、扩散区域、油的物理归宿等参数。不论是在溢油事故处理还是在溢油损害的评估中，溢油源的监测都占有重要的地位。一方面，能够保证一旦溢油事故发生，相关部门能迅速找到溢油源并采取相应的措施避免溢油的扩散，降低影响；另一方面，准确鉴定溢油源有助于测定溢油量及估算溢油对海湾生态系统服务所造成的损害。

油品组分特别复杂，没有一种分析方法可以完全获取油品所有的信息。现今主要的两种测定溢油源的方法是油指纹鉴别技术和卫星遥感技术。其中，油指纹鉴别简单易于操作，是溢油源诊断的主要诊断技术；而卫星遥感技术更为准确，可以排除许多因素的干扰，其稳定性好，被越来越多的研究所应用，也是溢油源诊断很好的手段。可以按照溢油鉴别、现场走访、溢油数值模拟与遥感技术等多种方法相互补充验证的原则进行溢油源诊断。

一、油指纹鉴别技术

溢油鉴别是开展海洋溢油生态污染损害评估的基础，是溢油事故调查评估及处理的重要手段，采用油指纹鉴别技术，能够准确地确定受到溢油污染的对象。

每一种油都有区别于其他油的独特的分子特性，这种特性被称为油指纹。要进行特定海域的溢油鉴别，需要充分了解和掌握所属海域生产原油的特征，尤其是油指纹数据，这样才能保证一旦发生溢油事故，通过对污染油样与数据库中的原油样品进行对比分析，在及时排除众多可疑溢油源的同时，协助查出真正污染责任者，为开展生态污染损害评估奠定基础。

由于石油是一种由不同物质在不同地质条件下经过长时间演变而来的由几千种不同有机化合物组成的复杂混合物，因此成功的油指纹分析必须包括合适而又严格的采样、分析和数据解析过程。目前，国际上用于石油烃分析的方法有气相色谱法（gas chromatography，GC）、气相色谱－质谱法（gas chromatography-mas spectrometry，GC-MS）、高效液相色谱法（high performance liquid chromatography，HPLC）、红外光谱法（infrared spectrum，IR）、薄层色谱法（thin-layer chromatography，TLC）、紫外光谱法（ultraviolet spectrum，UV）、荧光光谱法及重量法等。在所有的方法技术中，气相色谱是最为广泛应用的方法。与20年前的分子测试水平相比，气相色谱分析技术已经得到较大提高，尤其是毛细管柱的气相色谱－质谱仪，能够较好地分析石油的特定生物标志化合物和多环芳烃。分析精度与准确度也通过一系列的质量保证和质量控制措施而得以提高，实验数据的处理能力随着计算机技术、数学理论的发展而大大提高。

溢油鉴别首先要进行溢油现场调查，内容包括：①全面了解和分析溢油现场；②确定溢油现场范围和可能的溢油漂移路径；③准确划定可疑溢油源范围；④确定采样方案；⑤现场调查纪实、拍照、录像等。

此外，还要进行现场环境监测，并结合实验室油指纹比对结果，综合分析、判断，得出溢油鉴定结论。溢油鉴别主要采用红外光谱法和荧光光谱法，结合现场情况综合开展。

（一）红外光谱法

红外光谱法是一种鉴别石油溢油的指纹配比法。它以油品各极性组分的红外振动光谱为鉴别指标，通过把一个重叠在另一个上面的方法比较溢油和可疑溢油源样品的红外光谱，然后根据两张光谱特征峰的位置、强度和轮廓区鉴别溢油源。

（二）荧光光谱法

荧光光谱法是另一种鉴别石油溢油的指纹配比法。不同的油品在荧光某一固定激发波长下有各自特定的荧光响应，从而可以得到各种油的特征荧光光谱；相同的油品具有相同的荧光光谱特征，通过比较溢油和可疑溢油源样品的荧光光谱就可以鉴别溢油源。

溢油鉴别技术流程如图 2 - 1 所示。

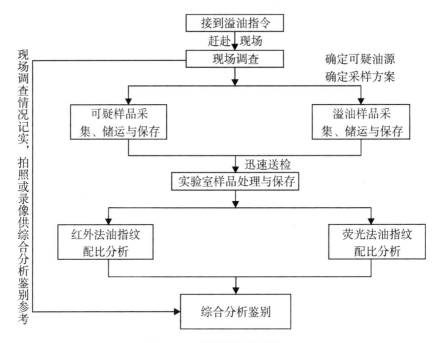

图 2 - 1　溢油鉴别技术流程

溢油鉴别要对各种因素、资料进行综合分析、判断，从而得出鉴定结论，油指纹鉴定只是其中的一个重要手段，但不是唯一的手段。还可以结合其他现场调查资料（如摄像、照相、卫星图片等）及溢油漂移数值模拟结果进行综合分析、判断，由此可以完全确定溢油来源。

在溢油分布区域采集油膜、沉积物样品及不能明确溢油源的溢油样品，进行油指纹鉴定，以确认溢油来源。油指纹样品采集及鉴定执行《海面溢油鉴别系统规范》（GB/T 21247—2007）。

二、卫星遥感技术

根据溢油发生时间及发生区域的污染面积，选择合适的 SAR 卫星，卫星监测资料来源通常包括 ENVISAT、RADARSAT 和 COSMO 系列卫星。尽可能采用高分辨率 SAR 或可见光图像。确定监测中所用卫星数据 SAR 影像的技术指标包括数据源、极化、分辨率及幅宽等。

根据获得的遥感影像技术指标进行解译，从图中提取出油膜边界，制作成用于 GIS 软件的矢量图像文件，计算油膜面积，确定油膜覆盖区域的受损对象。

三、油膜漂移扩散数值模拟技术

海面油膜漂移扩散数值模拟一般采用油粒子模式，海面风场采用同化实况风场的数值模拟风场，海流场以三维水动力模型模拟数据为基础，经浮标实测海流数据订正后获得。

油粒子模式最早是由 Johansen（1984）和 Elliot（1986）提出的，该模式通过把溢油分成众多离散的小油滴来模拟溢油的漂移扩散过程。

油粒子模式正确解释了溢油在重力扩展停止以后的物理扩散问题，不用求解对流扩散方程，却可以更确切地表述溢油对各种海洋动力因素的响应过程。油粒子模式不仅可以避免对流扩散模式本身带来的数值扩散问题，还能够正确重现油膜的破碎分离现象，能够准确地描述溢油的真实扩散过程。很多室内和现场实验都支持该方法，国内外众多学者对该模式进行了应用和发展，并得到了较理想的结果。目前国内外流行的溢油模式大部分是基于该方法的。

（一）油粒子追踪方法

粒子追踪方法是指在一个溢出点上释放许多油粒子，用小粒子的大量集合来描述污染物，即把溢油分成许多离散的小油滴（小油块）。通过描述每个油粒子的平流流动和湍流波动，给出油膜的运动轨迹和扩散范围。其中，平流流动是每个粒子在特定的流场条件下发生的平移，适宜用拉格朗日法模拟。湍流波动是由剪流和湍流引起的扩散运动，适宜用随机游动法模拟。这种方法实际上是确定性方法和随机性方法的结合，即采用确定性方法模拟平流运动，采用随机性方法模拟扩散过程。

（二）海面油膜轨迹模型

油膜在海流和风力共同作用下的漂移轨迹可采用拉格朗日法追踪计算，其公式为

$$\overrightarrow{s} = \overrightarrow{s_0} + \int_{t_0}^{t_0+\Delta t} \overrightarrow{v_T}[x(t_0),y(t_0),t]\mathrm{d}t$$

其中，$\overrightarrow{s_0}$ 为初始位置，$\overrightarrow{s}$ 为经时间间隔 Δt 后运动到的新位置，$\overrightarrow{v_T}$ 为油膜中心的漂移速度。潮流是引起油膜迁移的主要因素，其贡献率可达 50% ～ 100%。风也是导致油膜迁移的主要因素，其主要表现在两个方面：风海流和风的直接作用。风对油膜的直接作用可达风速值的 2% ～ 4%，并且会产生 0°～25° 的偏向角（图 2 - 2）。

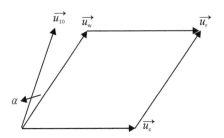

$\overrightarrow{u_r}$ 为油膜迁移速度矢量；$\overrightarrow{u_c}$ 为表面流速；$\overrightarrow{u_{10}}$ 为水面以上 10 米处的风速；
$\overrightarrow{u_w}$ 为风导油膜迁移速度，α 为风产生的偏向角。

图 2 - 2 风、风海流和油膜漂移速度示意

（三）海面油膜扩散过程

海面油膜在海面上的扩散过程可以看作一个湍流的扩散过程，而湍流扩散过程的随机性可以通过拉格朗日独立粒子（随机游动）算法来模拟。粒子云团在水中扩散，在 Δt 时间内的平均移动为

$$s_{rmsL} = \sqrt{2 \times D_L \times \Delta t}, \ s_{rmsT} = \sqrt{2 \times D_T \times \Delta t}$$

其中，s_{rmsL} 和 s_{rmsT} 分别是纵向和横向方向上的距离的平均平方根，D_L 和 D_T 分别是垂直和水平扩散系数，Δt 为时间步长。

对于任何一个独立粒子，扩散步长 s 都是通过以下公式随机产生的：

$$s = [R]_{-r}^{r}, \ -r \leqslant s \leqslant r$$

这里 $[R]_{-r}^{r}$ 是在范围 $-r$ 到 r 内的随机数字。选择 r 的值是为了使 s_{rms} 必须等于所有 s 值的平均平方根。因此，随机数在 $-r$ 到 r 范围内变化，并且

$$\left(\frac{1}{2} \int_{-1}^{1} s^2 ds \right)^{\frac{1}{2}} = \frac{\sqrt{3}}{3}$$

任何一个独立粒子扩散移动的距离为

$$s_L = [R]_{-1}^{1} \sqrt{6 \times D_L \times \Delta t}, \ s_T = [R]_{-1}^{1} \sqrt{6 \times D_T \times \Delta t}$$

通过以下公式给出中性分散：

$$s_O = [R]_{-1}^{1} \sqrt{6 \times D_O \times \Delta t}$$

其中，D_O 代表中性扩散系数。

扩散成分必须加到粒子的水平移动上，故

$$x_i = x_i^0 + u_i \Delta t + s_O \cos \theta, \ y_i = y_i^0 + v_i \Delta t + s_O \sin \theta$$

其中，θ 为方向角，是在 0 到 2π 之间均匀分布的随机角。

（四）海面油膜漂移扩散模型

引入油膜扩散，在风和流的共同作用下，每个油粒子质点的位置按以下公式进行计算，以这些质点的包络线来显现溢油后油膜扩散形状及

23

漂移轨迹：

$$x = x_0 + (u + \alpha u_{10}\cos D_{10} + r\cos B)\Delta t$$
$$y = y_0 + (v + \alpha v_{10}\sin D_{10} + r\sin B)\Delta t$$

其中，x_0、y_0 为某质点的初始坐标；u、v 分别为 x、y 方向的流速分量；u_{10}、v_{10} 分别为 x、y 方向水面以上 10 米处的风速；D_{10} 为风向；r 为随机扩散项，$r=RE$，R 为 0 ~1 之间的随机数，E 为扩散系数；B 为随机扩散方向，$B=2\pi R$。

波浪对油膜也有一定的作用，但由于波浪的周期性，它对输移的影响较弱，与风和潮流的输移相比，可忽略不计。

（五）溢油环境动力场配置

海面油膜漂移预测模型采用的风场应为实况风场与预报风场两者的结合。实况风场是利用实况天气图和浮标、海洋站实测风速风向综合分析获得的；预报风场是利用业务化数值预报模型同化实况资料后的预测结果，是经综合分析获得的。

海面油膜漂移预测模型采用的海洋流场以区域海洋模式（regional ocean modeling system，ROMS）模型为基础，建立渤海三维水动力模型，形成海流场数据库，在计算油膜漂移速度时，调用该流场数据进行计算。流场模型建立两个区域模式：大区域是中国东海海域，水平分辨率 $1/30°$，垂向 10 层；小区域是渤海海域，水平分辨率 $1/240°$，垂向 6 层；模式地形来源于海洋总测深图（general bathymetric chart of oceans，GEBCO）分辨率为 $1' \times 1'$ 的数据，采用海图水深、实测水深和高分辨率可见光卫星影像等数据进行订正。模式考虑环流和潮流，潮流计算边值采用 M_2、S_2、N_2、K_2、K_1、O_1、P_1、Q_1 等 8 个分潮来驱动。

第二节　海洋溢油监测技术

海洋溢油监测包括海水水质监测、海洋沉积物监测、海底油污监测、海洋生物生态监测、岸滩油污监测、海面油膜监测、海底溢油点探测及环境敏感区调查等。

一、海水水质监测

（一）监测站位布设原则

（1）应急监测时，应在距溢油点尽可能近的位置设置至少 1 个采样点。

（2）如发现零散分布的油膜，在工作量允许的前提下，在所有发现油膜的位置附近各设置 1 个采样点。

（3）发现大片油膜（超过 50 平方千米）时，应在油膜的边界处设置 3 个以上采样点。

（4）在非近岸开放海域，在发现油膜的范围以外至少设置 3 个采样点。

（5）在近岸开放海域，在发现油膜的范围以外离岸方向上至少设置 2 个采样点。

（6）在开放海域的油膜外围进行采样，现场分析石油类浓度数据，若发现石油类超出第一/二类海水水质标准，则继续向污染区域以外设置站点，尽量获得符合第一/二类海水水质标准的数据。

（7）综合监测站位尽量从应急监测站位中选取。

（8）监测范围应覆盖全部的污染区域，并包含部分污染区域外的清洁区域。

（9）东西方向与南北方向、顺岸方向与垂直于岸线方向站位分布具有均衡性。

（10）站位不少于 9 个。

（二）监测指标

在应急监测中，石油类为必测项目；在工作量及时间允许的条件下，可增设化学需氧量（chemical oxygen demand，COD）、溶解氧、营养盐、叶绿素 a、多环芳径（polycyclic aromatic hydrocarbons，PAHs）等指标。在综合监测中，监测指标应包括石油类、COD、溶解氧、营养盐、叶绿素 a、PAHs 等。各监测指标分析方法见表 2 - 1。

表 2-1　海水水质监测方法

序号	调查项目	监测方法及要求
1	石油类	GB 17378.4 海洋监测规范
2	化学需氧量	GB 17378.4 海洋监测规范
3	溶解氧	GB 17378.4 海洋监测规范 或 GB 12763.4 海洋调查规范
4	活性磷酸盐	GB 17378.4 海洋监测规范 或 GB 12763.4 海洋调查规范
5	氨盐	GB 17378.4 海洋监测规范 或 GB 12763.4 海洋调查规范
6	亚硝酸盐	GB 17378.4 海洋监测规范 或 GB 12763.4 海洋调查规范
7	硝酸盐	GB 17378.4 海洋监测规范 或 GB 12763.4 海洋调查规范
8	生物需氧量	GB 17378.4 海洋监测规范
9	叶绿素 a	GB 17378.4 海洋监测规范
10	多环芳烃	GB 13198 水质多环芳烃的测定
11	阴离子洗涤剂	GB 17378.4 海洋监测规范

　　所有监测项目采样层次应按照《海洋监测规范》规定的标准层次采集样品，在工作量巨大、监测时效性限制情况下，石油类、多环芳烃可只采集表层样品。

二、海洋沉积物监测

　　根据海洋溢油事故的特点及监测要求，沉积物监测指标应选表 2-2 中的全部内容或部分内容，监测方法及要求按照表 2-2 执行。

表 2-2　沉积物监测指标

序号	监测指标	监测方法及要求
1	油类	分光光度法或重量法，按 GB 17378.5 里规定的要求测量

续表 2-2

序号	监测指标	监测方法及要求
2	硫化物	分光光度法、离子选择电极法或碘量法，按 GB 17378.5 里规定的要求测量
3	有机碳	重铬酸钾氧化 - 还原滴定法或热导法，按 GB 17378.5 里规定的要求测量
4	氧化还原电位	电位计法，按 GB 17378.5 里规定的要求测量
5	粒度分析	筛析法加沉析法，按 GB/T 12763.8 里规定的要求测量
6	多环芳烃	气相色谱 - 质谱法，按《水和废水监测分析方法（第四版）》（国家环保总局，2002 年 12 月）里规定的要求测量
7	苯系物	气相色谱法，按 GB/T 11890 里规定的要求测量
8	苯并芘	高效液相色谱法，按 GB/T 8538 里规定的要求测量

海洋溢油监测沉积物布设应遵循以下原则：

（1）沉积物采样断面的设置应与水质断面一致。

（2）沉积物采样点应与水质采样点在同一垂线上，若沉积物采样点有障碍物影响采样，可适当偏移。

（3）站位在监测海域应具有代表性，其沉积条件要稳定。

（4）沉积物站位除溢油监测特殊要求外，一般按照水质站位数的60%布设。

（5）溢油监测时，在局部地带有选择性地布设沉积物采样点，应以溢油污染源为中心，顺污染物扩散带按一定距离布设采样点。

（6）沉积物监测范围应包含没有受到本次溢油污染的参照点或参照断面。

溢油沉积物按 GB 17378.3—2007 中第五部分要求进行沉积物样品采集、保存和运输，以下几点需要重点说明：

（1）溢油沉积物监测尽量利用箱式采泥器采样。

（2）样品取出后，小心将箱式采泥器中上覆水抽出，尽量保持泥样完整状态。

（3）对观测油膜或油污进行描述，当沉积物表面或者内部有油污时，要进行高分辨率拍照，照片中应包含采样站位号、经纬度（GPS实时显示最佳）。

（4）取沉积物表层1厘米样品混合均匀，封装于不透明的棕色广口玻璃瓶中，低温保存。

三、海底油污监测

海底油污监测的目的是掌握溢油发生后油污的分布情况和动态，及时掌握油污的清理状况。海底油污监测采用的技术手段主要有以下几项（但不限于这几项）：

（1）利用箱式采泥器和定位系统采集沉积物样品，观测样品表面和断面是否有油污。

（2）利用沉积物剖面成像仪和定位系统观测浅层海床内部是否有油污。

（3）运用激光扫描设备、定位系统与水下机器人相结合的手段，首先在大范围内采用激光扫描设备探测海底油污，然后在小区域内采用水下机器人进行重点监测。

海底油污程度描述及评价分为以下4类：

（1）严重污染区：主要包含油污覆盖区。

（2）中度污染区：较大油污块状分布区。

（3）轻污染区：零星油污点状分布区，沉积物表面或内部有零星油污和油膜。

（4）无污染区：沉积物表面或内部没有发现明显的油污或油膜。

四、海洋生物生态监测

根据事故等级的不同，海洋生物生态调查应选表2-3和表2-4中的全部内容或部分内容，选取的调查内容应满足损害评估的计算要求和恢复方案的设计。

表 2 - 3　海洋生物监测方法

序号	调查项目	监测方法及要求
1	浮游植物	垂直拖网法，按 GB 17378.7 规定的要求调查
2	浮游动物	垂直拖网法，按 GB 17378.7 规定的要求调查
3	小型底栖生物	按 GB 128763 海洋调查规范调查
4	大型底栖生物	采泥器法或拖网法，按 GB 17378.7 规定的要求调查（可根据监测、调查海域特点和调查项目需要，适当延长拖网时间）
5	潮间带生物	野外采样法，按 GB 17378.7 规定的要求调查
6	叶绿素 a	荧光分光光度法或分光光度法，按 GB 17378.7 规定的要求调查
7	初级生产力	^{14}C 示踪法，按 GB/T 12763.6 规定的要求测量，或根据叶绿素进行换算
8	微生物	计数法，按 GB/T 12763.6 规定的要求测量
9	鱼卵、仔稚鱼	水平拖网法、垂直或倾斜拖网法，按 GB/T 12763.6 规定的要求测量
10	游泳生物	拖网法，按 GB/T 12763.6 规定的要求测量
11	珍稀濒危生物	调访和观测
12	国家保护动物	调访和观测

表 2 - 4　海洋生物体质量监测

序号	名称	监测方法及要求
1	石油烃	荧光分光光度法，按 GB 17378.6 规定的要求测量
2	多环芳烃	气相色谱 - 质谱联用法
3	粪大肠菌群	发酵法或滤膜法，按 GB 17378.7 规定的要求测量
4	细菌总数	平板计数法或荧光显微镜直接计数法，按 GB 17378.7 规定的要求测量

五、岸滩油污监测

确定海洋溢油事故波及岸滩时，应开展岸滩油污监测，确定岸滩是否受到污染并评估污染范围及程度。监测前应首先做好准备工作，包括制订监测方案、准备外业监测设备等。根据监测方案，确定现场监测范围和区域。

应掌握全部溢油污染岸线范围，选择典型区域开展重点监测。

在岸滩溢油监测记录表上填写监测区域岸滩类型、溢油登陆状态等信息。

采集岸滩溢油油指纹样品，如监测区域为砂质岸滩，并出现油污下渗的情况，应采集下渗油污样品、沉积物样品和间隙水样品；如发现受污大型动物或受污其他海洋生物，应采集受污生物样品。

（一）油污性质观测与记录

溢油性质分重质和轻质两种。溢油为汽油、柴油、煤油等轻质成品的油，溢油性质记录为轻质，其他黑色、褐色、棕色油污均记录为重质。

（二）面状、带状和丝带状溢油监测

岸滩溢油分布状态为面状、带状、丝带状，需测量溢油长度、宽度、厚度和覆盖率。

（三）焦油球监测

若岸滩溢油状态为焦油球或油饼，需确定焦油球分布区域的长度、宽度。选择典型代表区域，监测单位区域内（0.25米×0.25米或1米×1米）的溢油污染水平。

（四）相关参数测量方法

1. 长度和宽度测量

长度和宽度测量方法应满足以下要求：

（1）长距离测量：采用大比例尺地图，利用地图投影测量的方式进行测定；或沿岸滩驾驶车辆，利用车载测距仪进行距离测量。

（2）中距离测量：根据经验进行步测或目测。

（3）短距离测量：可采用直接测量或步测法测量。

2. 厚度测量

用刻度尺进行溢油平均厚度测量。一般情况下，成片溢油厚度大于0.1厘米，其厚度可以利用刻度尺测量获取；丝带状溢油非常薄，厚度按0.1厘米计。

3. 覆盖率测量

溢油覆盖率参照图2-3估算。

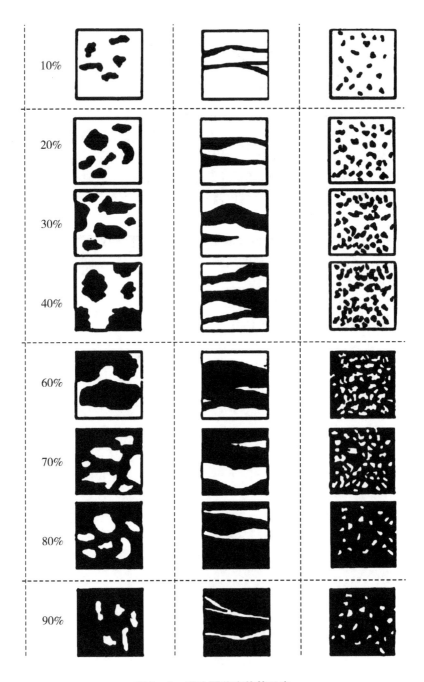

图 2-3　溢油覆盖率估算示意

六、海面油膜监测

（一）海面油膜现场监测

在溢油初发还没有海面油膜的监测结果时，可以溢油点为中心，向外沿螺旋形路线航行，同时考虑海面风向和流向，向主风向和主流向方向偏移。

对于之前已经监测到油膜存在的，根据上一次监测到的油膜位置、海面风向风力、海流流速流向，以及数值模拟预测结果，推测油膜可能出现的方位，设置航线。可沿油膜预测漂移方向按"S"形线路航行。

根据监测结果、现场风向风速、流向流速，可粗略估计油膜可能的漂移轨迹。按《海洋溢油生态损害评估技术导则》记录油膜颜色。

对于较小的油膜，以船长为参照，估测油膜带长度、宽度、直径等，估算出油膜面积；对于较大的油膜，从油膜一端匀速行驶至另一端，根据船速估测其长度、宽度，估算出油膜面积；对于较小的油膜，记录其所在位置1个点的坐标信息；对于较大的油膜，应记录其外边界至少2个主要拐点的坐标信息。对于零星分布的、未形成完整大片油膜的，应估测其覆盖率。

（二）海面油膜遥感监测

1. 卫星遥感监测

根据污染面积选择合适的 SAR 卫星。尽可能采用高分辨率 SAR 或可见光图像。根据获得的遥感影像，从图中提取出油膜边界，制作成用于 GIS 软件的矢量图像文件，计算油膜面积。

2. 航空遥感监测

根据海洋溢油现场船舶通航观察的海面油膜可能出现的区域，按"S"形航线搜寻海面油膜；发现油膜后进行拍照或录像；对于较大范围油膜，沿油膜边缘飞行，记录油膜边缘主要拐点坐标。

检查浏览一遍所有照片、视频资料，进行复制，至少保留2个备份；对照片、视频进行分类、编目，注明时间、坐标等信息，贴好标签；在 GIS 软件中描出油膜范围，给出面积。

3．X 波段雷达监测

雷达安装于石油平台，需在遮挡较小的区域工作；可实现全天时、全天候运行监测。建立远程监控中心，通过卫星网络远程操作平台雷达监控系统，采用卫星专线传输数据。

获得雷达监测结果后，对数据进行筛选，得到有效雷达监测结果；对筛选后的监测结果进行图像处理，获得油膜边界的矢量信息，制作雷达监测结果矢量图。

七、海底溢油点探测

可采用水下机器人、侧扫声呐、多波束、浅地层剖面仪等设备开展海底溢油点探测。各类设备的操作应遵守设备操作规程，浅地层剖面仪的操作应执行《GB/T 12763.8—2007 海洋调查规范　第 8 部分：海洋地质地球物理调查》；经自动探测发现异常点后，应派潜水员潜入异常位置，确认该异常点是否为溢油点。

八、环境敏感区调查

开展环境敏感区调查应满足以下要求：

（1）对溢油源周围的社会、经济、环境等数据进行调查并收集相关资料，以确定环境敏感区。

（2）环境敏感性调查应明确受溢油影响的主要生态环境问题类型与可能性大小。

（3）环境敏感性调查应根据主要生态环境问题的形成机制，分析环境敏感目标的优先次序，明确特定生态物种可能受到的影响和损害。

（4）应明确环境敏感区（自然保护区、海水养殖区、珍稀濒危物种分布区、典型海洋生态系统、风景名胜古迹、浴场和水上旅游娱乐场等）的调查与评价内容。

根据溢油事故影响情况，选择下述全部内容或部分内容开展调查：

（1）自然保护区，主要包括自然保护区的级别、类型、面积、位置等。

（2）典型海洋生态系统，主要包括红树林、珊瑚礁、海草床等的位置、面积等。

（3）生活或工业污水取水口，主要包括取水口性质、位置、取水量等。

（4）珍稀濒危物种及其栖息地，主要包括保护生物种类、数量及栖息地面积等。

（5）海水增养殖区，主要包括养殖种类、养殖面积、养殖类型、养殖数量等。

（6）风景名胜古迹、浴场和水上旅游娱乐场，主要包括位置、平均客流量、年旅游收入等。

调查方法要求如下：

（1）根据现场调查资料和相关历史资料，对环境敏感区进行区划。主要做法：选取标准版 1∶50000 海图，平面坐标采用 WGS-84 坐标系统，高程基准采用 1985 年国家高程基准；根据调查数据和资料，应用相应计算机软件编绘环境敏感区的位置与溢油源的距离、范围、面积、保护内容等，确定各种环境敏感区优先保护次序。

（2）环境敏感区的优先次序可根据环境、资源、对溢油的敏感程度、现有应急措施的可行性和有效性、可能造成的经济损失及清理油污的难易程度等因素来确定。

（3）自然保护区调查按照 GB/T 17108—2006 和《海洋自然保护区监测技术规程》（国家海洋局，2002 年 4 月）中的有关要求执行。

（4）典型生态系统调查，如红树林、珊瑚礁、湿地、海草床等，应分别按照 T/CAOE 20.3—2020、T/CAOE 20.5—2020、T/CAOE 20.6—2020 中的有关要求执行。

（5）生活或工业用水取水口调查：位置采用 GPS 定位法调查，取水量和水的用途采用现场调访的方式进行调查；按 GB 3097—1997 和 GB/T 19485 分类标准确定调查项目。

（6）海水增养殖区调查按照《海水增养殖区监测技术规程》（国家海洋局，2002 年 4 月）中的有关要求执行。

（7）其他按照 GB 17378 和《海水浴场环境监测技术规程》（国家海洋局，2002 年 4 月）中的有关要求执行。

第三节　海洋溢油生态损害对象判定

海洋溢油生态损害因果关系判定方法主要有间接反证因果关系、优势证据说、事实推定说等。

一、间接反证因果关系

间接反证因果关系是指当主要事实是否存在尚未明确时，由不负举证责任的当事人负反证其事实不存在的证明责任理论。生态损害因果关系因素较多，若被害人能够证明其中的部分关联事实，其余部分的事实则被推定存在，而加害人负反证其不存在的责任。

二、优势证据说

优势证据说是指在环境诉讼中，在考虑民事救济的时候，不必要求以严格的科学方法来证明因果关系，只要考虑举证人所举的证据达到了比他方所举的证据更优即可。优势证据说在一定程度上克服了传统因果关系理论给环境污染因果关系认定带来的困惑，如美国法院对于有害物质的认定就采用这种方法，注重保护人的现实权利。

三、事实推定说

事实推定说（factual presumption theory），又称为盖然性说。该学说认为因果关系存在与否的举证，无须以严密的科学方法，只要达到盖然性程度即可。盖然性程度是指在污染行为和损害结果之间只要有"如果无该行为就不会有该结果"，即可认定有因果关系的存在。该学说要求被害者只需做盖然性的举证，只要原告能够证明以下两个事实，便可以认为存在因果关系：第一，工厂所排放的污染物质到达被害人居住的地区并发生作用；第二，该地区有污染损害事件发生。此时，法院就可以认定因果关系存在，除非被告人提出反证，证明因果关系的不存在，否则就不能免除其责任。事实推定说主要适用于涉及人身损害的公害案件的因果关系证明。

当前，国内外学者对海洋溢油生态损害因果关系判定方法方面的研究很少。优势证据说讨论法律上的因果关系判定，而本书只讨论事实上的因果关系判定，故优势证据说不适用于海洋溢油生态损害因果关系的判定。事实推定说讨论的是污染事实的存在导致生态损害的发生。本书主要采用事实推定说（简单因果关系）来确定海洋溢油与海洋生态损害之间的因果关系，即只要能推定海洋溢油直接或间接导致了某生态系统服务损害的发生，即可判定两者间存在因果关系。简而言之，如果没有 A（海洋工程），就不会有 B（生态损害）发生。

在溢油事故发生后，必须及时开展海洋溢油监测，并综合油指纹鉴定技术、卫星遥感技术、数值模拟技术的判定结果，较全面、准确地判定出受到溢油损害的受损对象。其中，海洋溢油监测技术是进行溢油受损对象因果判定的基础。因果判定技术的重要性优先排序为油指纹鉴定技术、卫星遥感技术、数值模拟技术。油指纹鉴定技术为首要因果判定技术，其次为卫星遥感技术。数值模拟在受损对象的因果关系判定时仅作为辅助手段实施，并不能作为准确确定受损对象的依据。从司法诉讼的角度来看，当海洋溢油生态损害索赔进入最终的司法诉讼程序时，在对溢油损害对象进行确定时，其所认可的技术手段为运用油指纹鉴定技术和卫星遥感技术所确定的损害对象，仅通过数值模拟技术确定的受损对象并不在其认可的受损对象的范畴内。

海洋溢油事故一旦发生，其主要的受损调查对象应该包括溢油所在区域及周边的海水质量（表层、中层、底层的理化参数），浮游生物，底栖生物，潮间带生物，海洋游泳生物，滩涂、岸线及保护区生物，等等，要重点关注周边的海洋生态环境敏感区。基于上述技术方法的诊断结果，若调查对象鉴定出与溢油的油品一致的油指纹信息，则可确定该调查对象受到溢油污染损害；若调查对象位于经卫星遥感技术诊断的溢油油膜分布区域，或对比历史同期资源情况及生态、环境状况，调查对象的石油类含量发生明显改变的，则也可确定该调查对象属于受损对象。

（林伟龙）

第三章　海洋溢油生态损害程度评估

第一节　海洋溢油量估算

受损对象损害程度的轻重与海洋溢油事故中溢油量的大小息息相关，因此溢油量的估算是进行受损对象损害程度评估的重要内容之一。根据海洋溢油事故特点，海洋溢油量估算可分为依据质量平衡原则评估和依据现场监测数据评估两种方法。

一、依据质量平衡原则估算海洋溢油量的方法

通过事故调查，可获取溢油前存储量和溢油后剩余量的溢油事故，可采用前后油量之差估算溢油量。无法获取溢油前、后油量的，但通过事故调查或监测，可获取溢油入海过程中某个部位溢油流速、流量数据的溢油事故，可采用单位时间内流量与时间的乘积估算溢油量。

（一）评估程序

在海洋溢油事故发生后，根据初步调查结果，分析溢油事故类型，制订相应溢油量估算工作方案。若海洋溢油量采用质量平衡原则估算，并可获得全部准确溢油总量数据，则此法估算的溢油量即为最终溢油量。若不能准确反映溢油总量，则须根据事故特点，分析溢油的主要归宿，在最短时间内同时开展溢油主要归宿的现场监测，估算各归宿溢油残油量。

如有不同时间段的溢油各归宿残油量监测数据，原则上采用最近监测数据，但若采用的最近监测数据不能反映整个溢油量或不能准确反映溢油量时，可合理采用后续时间段的全面监测数据作为补充估算溢油量。

（二）船舶溢油量估算

能够从有关部门记录中获取较为可靠的船舶卸货量和装载量数据的船舶发生溢油事故后，计算溢油量的公式为

$$O_M = M_z - M_x$$

其中，M_z 为记录的溢油船舶的装载量；M_x 为事故发生后该船舶的卸货量。

对于不适用上述方法进行溢油量估算的其他情况，可采用下述方法。

1. 油船溢油量（O_M）的计算方法

$$O_M = (0.4O_{MS} + 0.6O_{MB})/C$$

其中，O_{MS} 为船侧破损的平均溢出油量（单位：立方米）；O_{MB} 为船底破损的平均溢出油量（单位：立方米）；C 为总燃油舱容。

2. 船侧破损的平均溢出油量（O_{MS}）的计算方法

$$O_{MS} = C_3 \sum_{i=1}^{n} P_s(i) O_s(i)$$

其中，n 为货油舱数量；$P_s(i)$ 为根据该货油舱位置计算出的船侧破损概率值；$O_s(i)$ 为船侧破损后该货油舱的溢出油量（单位：立方米），假设为该货油舱体积的 98%；C_3 为系数，当该货油舱的船侧破损概率 $P_s(i)$ 按本条计算方法计算，且本船货舱区有 2 道纵向水密舱壁时，取 0.77，其他情况取 1.0。

3. 船底破损的平均溢出油量（O_{MB}）的计算方法

$$O_{MB} = 0.7O_{MB(0)} + 0.3O_{MB(2.5)}$$

其中，$O_{MB(0)}$ 为不计潮汐影响时船底破损的平均溢出油量（单位：立方米）；$O_{MB(2.5)}$ 为考虑 2.5 米潮汐影响时船底破损的平均溢出油量（单位：立方米）。

$$O_{MB(0)} = \sum_{i=1}^{n} P_{B(i)} O_{B(i)} C_{DB(i)}, \quad O_{MB(2.5)} = \sum_{i=1}^{n} P_{B(i)} O_{B'(i)} C_{DB(i)}$$

其中，n 为货油舱数量；$P_{B(i)}$ 为根据该货油舱位置计算出的船底破损概率值；$O_{B(i)}$ 为不计潮汐影响时船底破损后该货油舱的溢出油量（单位：立方米）；$O_{B'(i)}$ 为考虑 2.5 米潮汐影响时船底破损后该货油舱的溢出油量（单位：立方米）；$C_{DB(i)}$ 为系数，当该货油舱有非油舱的双层底舱保护时，取 0.6；其他情况取 1.0。

（三）管道溢油量估算

对于能够从有关部门记录中获取较为可靠的事故溢油量的情况，计算溢油量的公式为

$$Q_M = Q_p - Q_e$$

其中，Q_p 为计划传输油量；Q_e 为事故发生后终端接收油量。

管道溢油量的估算公式为

$$q = 235.4 \cdot d^2 \cdot p \sqrt{GLR \cdot t}$$

其中，q 为管道溢油量（单位：桶/天）；p 为管道溢油喷油嘴分压（单位：磅力/平方英寸）；d 为输油管直径；GLR 为气液比；t 为时间。

根据输油管道正常传输与溢油时输油终端压力差计算溢油管道损失分压 p；当管线距离较短时，也可以由输油管线的输入与输出终端计量。在输油管道前端利用等压气密取样器直接采集石油（碳氢化合物）样本，确定气液比。

（四）海底溢油量估算

对于能够从有关部门记录中获取较为可靠的事故溢油量的情况，计算溢油量的公式为

$$Q_M = Q_p - Q_e$$

其中，Q_p 为原储油量；Q_e 为溢油后储油量。

利用声学多普勒海流剖面仪监测溢油流速；利用声学多光束成像声呐监测海底油气孔横截面积；在输油管道前端直接采集石油（碳氢化合物）样本，确定气液比；利用等压气密取样器直接采集石油（碳氢化合物）样本，确定气液比。

海底溢油量的估算公式为

$$Q = GLR \cdot \sum_{i=1}^{n} \int q_i \cdot dS$$

其中，q_i 为每个油孔流速；S 为油气孔横截面积；GLR 为气液比；n 为孔数。

（五）陆源溢油量估算

对于能够从有关部门记录中获取较为可靠的原始油储量和溢油发生后油储量数据且溢油直接进入海洋的，根据下式计算溢油量：

$$O_L = M_q - M_h$$

其中，M_q 为溢油源原始储油量；M_h 为溢油发生后剩余储油量。

对于溢油未直接进入海洋，而是通过河道、沟渠等途径间接进入海洋的溢油事故，其进入海洋的溢油量用以下方法进行估算。

1. 溢油通过空的沟渠、河道进入海洋

在入海口处，沟渠或者河道的中心点确定流速测量站点，进行流速连续测量。在监测时段内至少每小时测定 1 次，根据流量变化情况酌情调整监测频率，取各次测量的平均值作为该点的平均流速 $\bar{V}$，其计算公式为

$$\bar{v} = \frac{1}{n} \sum_{i=1}^{n} v_n$$

其中，$\bar{v}$ 为监测点在监测时段内的平均流速（单位：米/秒）；n 为监测时段内的流速测定次数；v_n 为第 n 次测量的流速（单位：米/秒）。

在该监测时段内溢油入海量 O_p 计算公式为

$$O_p = \bar{v} \times S \times \rho \times H \times 10^{-3} \times \frac{1}{3600}$$

其中，O_p 为监测时段内溢油入海量（单位：吨）；$\bar{v}$ 为监测点在监测时段内的平均流速（单位：米/秒）；S 为沟渠或河道横截面积（单位：平方米）；ρ 为溢油流体的密度（单位：千克/立方米）；H 为监测时长（单位：时）。

2. 溢油以河道或沟渠中的水体为载体进入海洋

溢油流体横截面积 S 的计算公式为

$$S = L \times h$$

其中，L 为溢油流体在水体表面垂直于水流方向的分布长度（单位：米）；h 为溢油层的厚度（单位：米）。

二、依据现场监测数据评估海洋溢油量的方法

通过事故调查，无法获取质量平衡评估法所需要的数据，必须深入分析溢油事故特点，了解溢油所有归宿，并通过溢油主要归宿同时刻现场的监测结果，估算该时刻下主要归宿的残油量，进而获得事故溢油量。

溢油主要归宿包括：

（1）以油膜形式漂浮于海面。

（2）海面漂油中轻组分蒸发进入大气。

（3）受乳化、溶解、悬浮颗粒物吸附及消油剂作用进入水体。

（4）通过悬浮物吸附凝聚作用沉降至海底沉积物上，或比重较大的溢油（块）直接落到海底沉积物上。

（5）溢油抵岸。

（6）溢油回收。

（一）海面残油量估算方法

1．海面油膜面积估算

海面油膜分布面积观测可使用卫星遥感、航空遥感和现场船舶等技术手段。

Ⅰ．卫星遥感海面油膜分布面积观测

利用溢油卫星遥感图像计算溢油油膜总面积可采用以下两种方法。

方法一：利用卫星遥感图像处理软件计算出油膜分布区的像元点数，根据卫星遥感图像的水平分辨率和单位计算油膜总面积。

方法二：利用卫星遥感图像叠加在海图或电子海图上，划分出溢油油膜分布区域，利用海图计算油膜总面积。

Ⅱ．航空遥感海面油膜分布面积观测

航空遥感通过飞机携带各种传感器，在空中可大范围监测海洋溢油分布面积。目前可用于溢油监测的航空技术包括机载侧视雷达、红外/紫外扫描仪射计、航空摄像机、电视摄影机及与这些仪器相配的具有实时图像处理功能的传感器控制系统。利用航空遥感观测溢油油膜总面积可采用以下两种方法。

方法一：利用航空遥感图像处理软件计算出油膜分布区的像元点数，根据航空遥感图像的水平分辨率和单位计算油膜总面积。

方法二：利用航空遥感图像叠加在海图或电子海图上，划分出溢油油膜分布区域，利用海图计算油膜总面积。

Ⅲ．现场船舶海面油膜分布面积观测

利用船舶对小型溢油或指定区域内的油膜面积进行观测时，可采用油膜直接观测和指定区域油膜覆盖率间接观测。

方法一：针对小面积、有明确边界的油膜，可采用直接观测法观测油膜分布面积，利用船载 GPS 测定指定油膜的边界线坐标。将油膜边界坐标标在海图或电子海图上，划分出溢油油膜分布区域，利用海图计算油膜面积。

方法二：针对连片大面积油膜分布区，利用船舶较难观测其边界的油膜，可采用观测指定区域油膜覆盖率的办法，间接观测其油膜分布面积。利用船载 GPS 观测指定海域内油膜分布情况，记录指定海域内油膜形状、覆盖率。将观测区域边界坐标标在海图或电子海图上，根据溢油油膜覆盖率，利用海图计算观测区域内的油膜面积。

Ⅳ．海面油膜分布面积确认

几种观测手段联合观测油膜面积时，要进行数据同化。油膜面积数据的同化要兼顾准确性和全覆盖的原则。对于可利用监测船舶、航空遥感技术手段实现全覆盖观测的油膜，油膜分布面积采用船舶或航空遥感的精确监测数据。对于油膜分布面积较大，利用船舶或航空遥感不能实现全覆盖观测的油膜，将船舶观测的油膜面积数据换算为空间尺度较大的卫星遥感监测面积。

2．海面油膜厚度换算

油膜颜色观测一般采用船舶现场观测或航空目测的方法。换算油膜厚度的油膜颜色观测数据必须要与油膜面积监测同步（或准同步）实施，并且其空间分辨率要与油膜面积观测数据相匹配。

Ⅰ．船舶现场监测海面油膜颜色观测

利用监测船舶进行油膜颜色观测，首先确认观测范围内占面积比重最大的油膜颜色，并同时确认该颜色油膜占全部油膜的比例。其次确认观测范围内占面积比重较大的油膜颜色，并确认该颜色油膜占全部油膜的比例。依次确认不同颜色的油膜所占全部油膜的面积比例，并由不少于2名观测人员独立观测，确定不同颜色的油膜比例，做好现场记录。

Ⅱ．航空遥感海面油膜颜色观测

利用航空监测平台进行油膜颜色观测，首先确认观测范围内占面积比重最大的油膜颜色，并同时确认该颜色油膜占全部油膜的比例。其次确认观测范围内占面积比重较大的油膜颜色，并确认该颜色油膜占全部油膜的比例。依次确认不同颜色的油膜所占全部油膜的面积比例，并由不少于2名观测人员独立观测，确定不同颜色的油膜比例，做好现场记录。

Ⅲ．海面油膜厚度的观测与换算

溢油油膜厚度采用现场观测和颜色换算的方法。

对厚度较大的油膜，应尽量采用现场直接观测的方法来测定其油膜厚度。采用海面油膜厚度采样器采集油膜厚度样品，根据采样面积和样品油污重量换算油膜厚度。

对厚度较小的油膜，采用现场油膜颜色观测，根据颜色换算厚度的方法估算油膜厚度。不同颜色的油膜换算油膜厚度按表 3 - 1 进行。

表 3 - 1　溢油油膜颜色与厚度换算关系

序号	油膜颜色	大致厚度（微米）
1	银灰色	0.1 ~ 1
2	彩虹色	1 ~ 5
3	金属色	5 ~ 50
4	黑褐色	50 ~ 200
5	原油本色	200 ~ 4000

3. 海面残油量估算

估算海面油膜残油量的基本方法是根据现场观测的海面油膜面积和油膜厚度计算残油量，其计算公式为

$$Q_c = S \times h$$

其中，Q_c 为海面油膜残油量；S 为海面油膜面积；h 为海面油膜厚度。

（二）水体含油量估算方法

海水石油类参评站位应不少于 16 个，监测断面应不少于 4 条，每条断面上布设不少于 3 个监测站位，覆盖石油类超第一类海水水质标准及超过历史背景值的区域，涵盖表、中、底三层数据。

背景值可根据海水石油类污染程度或背景值差异将污染影响海域划分成若干个分区，各分区背景数据要求为事故发生海域在事故发生前连续 3 年历史同期监测数据的平均值。根据海水现场监测结果，比较监测海域海水中石油类含量背景值及海水水质标准，利用 GIS 工具确定海水石油类污染的影响范围，在此基础上确定海水石油类污染影响海域面积。根据海水石油类现场监测结果，利用时间同化的方法将污染影响范围内的海水石油类含量同化到同一时刻。计算公式为

$$Q = \sum_{j=1}^{m} \sum_{i=1}^{n} (c_{ij} - c_{ij0}) \times dep_{ij} \times A_i$$

其中，Q 为海水中石油类增量，即海水中溢油量；n 为网格点数；m 为垂向水体层数；c_{ij} 为第 i 个网格点第 j 层海水中石油类现状浓度；C_{ij0} 为第 i 个网格点第 j 层海水中石油类背景浓度；dep_{ij} 为第 i 个网格点第 j 层水深；A_i 为第 i 个网格点所代表的海域面积。

（三）沉积物含油量估算方法

根据沉积物石油类含量现场监测资料和历史监测资料，分别选取现状评价数据和背景数据。其中，沉积物石油类污染现状监测站位应不少于 16 个，包含至少 4 个控制站位[①]；背景数据要具有代表性。

根据沉积物现场监测结果，比较监测海域沉积物中石油类含量背景值及沉积物质量标准，确定表层沉积物石油类污染的影响范围，在此基础上测算表层沉积物石油类污染影响海域面积。可根据沉积物石油类污染程度将污染影响海域划分成若干个分区。调查分析污染范围内沉积物历史监测资料，获取各分区沉积物石油类含量的背景值。根据沉积物现场监测结果，确定各分区沉积物石油类含量。

沉积物中溢油量的估算公式为

$$G = \sum_{i=1}^{n} (C_i - C_{i0}) \times \rho_i \times S_i \times H_i$$

其中，G 为沉积物中的总溢油量；C_i 为第 i 分区沉积物石油类含量均值（单位：毫克/千克）；C_{i0} 为第 i 分区沉积物石油类含量背景值（单位：毫克/千克）；ρ_i 为第 i 分区沉积物干密度（单位：克/立方米）；S_i 为表层沉积物石油类污染影响海域第 i 分区面积（单位：平方米）；H_i 为第 i 分区沉积物石油类污染影响深度，按照经验法取值 0.5 厘米；n 为分区数目。

---

① 控制站位：设在污染影响范围边界或以外的监测站位。

（四）潮滩溢油量估算方法

抵岸溢油量根据潮滩溢油量调查结果进行估算。根据溢油污染陆岸巡视结果，初步估计潮滩油块分布情况，选取有代表性的区域布设监测断面，每个完整潮滩布设的监测断面不少于 4 条。以 1 条断面作为 1 个采样单元，每条断面的宽度以 3 ～ 5 米为宜，断面的长度从低潮线至平均高潮线，或根据油块在潮滩的分布宽度确定，确保每个采样单元能够覆盖涨落潮方向所有抵岸油块。

潮滩溢油量调查所需的基本设备和材料包括：

（1）米制卷尺（长度通常为 100 米以上，用于测量采样单元的长度和宽度）。

（2）小刀、勺子或镊子，用于收集潮滩上的油块。

（3）封口袋或广口瓶，用于储存收集的油块。

（4）劳保手套。

（5）天平。

（6）数码相机（用于对调查区域拍照）。

（7）GPS 定位系统。

每个调查组至少有 2 名受过培训或有经验的人员参加，负责测算潮滩长度、测量划定采样单元、收集每个采样单元内分布的所有油块，并对采样单元中特征尺寸油块进行测量、拍照，做好现场记录。应注意收集潮滩上被表层沉积物覆盖的油块。将每个采样单元收集到的油块分装在容器中，带回实验室进行称量。

潮滩溢油量的估算公式为

$$T = \frac{1}{n} \sum_{i=1}^{n} M_i \times \frac{W}{W_0}$$

其中，T 为潮滩溢油量；M_i 为第 i 个断面（或采样单元）收集的油块质量（单位：千克）；W 为潮滩长度（单位：米）；W_0 为断面宽度（单位：米）；n 为断面数目。

（五）总溢油量计算

总溢油量的估算公式为

$$Q = Q_1 + Q_2 + Q_3 + Q_4 + Q_5 + Q_6$$

其中，Q 为总溢油量；Q_1 为 t 时刻海水石油类增量；Q_2 为 t 时刻沉积物石油类增量；Q_3 为 t 时刻海面残油量；Q_4 为 t 时刻前海面蒸发量；Q_5 为 t 时刻前油污回收量；Q_6 为 t 时刻前抵岸溢油量；t 为监测时刻。

蒸发量应该根据 t 时刻前所有海面残油量（必须对相邻日的卫星遥感解译结果进行对比，不能重复叠加计算）乘一个蒸发率系数获得。蒸发率系数因溢出时间、溢油环境温度和溢油性质的不同而不同，可以通过估算而得，重质、中质油品一般取 5%、10%、15%、20%，轻质油品的蒸发率系数可以更高。蒸发率系数也可以通过实验室最大蒸发率试验估算 t 时间的蒸发率而得。将石油进行油指纹分析，根据指纹信息中轻组分的含量确定最大蒸发率。也可以通过实验室模拟风化，风化环境较实际环境更加恶劣，通过风化前后的重量对比，可短时间内获取最大蒸发率。

因为降解是将大分子量的有毒有害物质转变为小分子量的有毒有害物质，而且还是存在于水体中，所以降解量通过水体中其残油量来计算。

第二节　海洋溢油损害程度影响因素识别

海洋溢油事故的损害程度取决于溢油量大小、溢油种类的差别、海域类型的不同、天气海况的好坏等，这些影响因素是彼此关联、相互作用的，不能把某一因素与其他因素割裂开来。海上溢油损害程度的评价将直接影响溢油事故的生态损害评估及后续的生态修复和恢复等。受损程度影响因素见图 3－1。

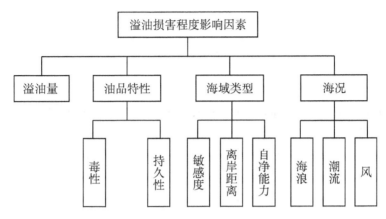

图 3 – 1 海洋溢油生态损害程度影响因素分析

一、溢油量

在这些影响因素中，溢油量是最基本、最重要的评价指标，溢油量的大小直接决定了受损程度的严重与否。

二、油品特性

油品特性包括持久性、毒性。持久性的大小决定了溢油影响时间的长短及处理措施的选择，毒性的大小决定了对海洋生物毒害作用的严重程度。

（一）毒性

通常毒性大的油种在同样的时间内对生物的损害大于毒性小的油种。对于大多数生物而言，通常炼制油的毒性要高于原油，低分子烃的毒性要大于高分子烃。在各种烃类中，毒性一般按芳烃、烯烃、环烃、链烃依序降低。

（二）持久性

油品的持久性反映了油品溢流到海洋中后留存时间的长短。油在海洋中造成直接影响的大小跟持久性有很大关系，这一性质的影响往往大于毒性的影响。根据 IMO 的油污手册"第Ⅳ部分——抵御油污"的叙述，油类大致可以分成持久性油类和非持久性油类。持久性油溢出时，只有部分轻组分挥发掉，而非持久性油溢出后会很快挥发掉，因此持久性溢油会对海洋环境及沿岸水域造成较大危害。油的持久性取决于油的挥发性。持久性越强的油在海中造成影响的时间越久。通常低分子烃的挥发性比高分子烃好，含碳原子少的烃比含碳原子多的烃挥发性好。

在一些关于油污的国际公约中，规定了公约适用的油种就是持久性较强的油，并且专门给定了临界指标，以确定油的持久性是否符合公约规定指标。根据《海洋溢油生态损害评估技术导则》（HY/T 095—2007），持久性油类指的是在自然环境条件下，比较难以挥发或降解的石油或其制品，如原油、润滑油、重柴油、重燃油等油类。而非持久性油类指的是在自然环境条件下，较易挥发或降解的石油或其制品，如轻质柴油、汽油、煤油等油类。

三、海域类型

海域类型主要指的是溢油所处海域的生态环境敏感程度、离岸距离的远近、海域自净能力的强弱。

（一）生态环境敏感程度

海域敏感程度的高低体现了海域对溢油抵御能力的强弱，以及遭受损害后得到恢复的难易程度。如某些海域分布的生态系统的种群物种不同，其对石油类污染的敏感程度不同，即便是同一种油类，同种生物的不同发展阶段，对其产生的抗性或耐性水平也是不同的，如同种油类对生物成体的致死浓度比对该种生物幼体和卵的致死浓度高几个数量级。

根据《海洋溢油生态损害评估技术导则》（HY/T 095—2007），海域的生态环境敏感程度主要划分为以下三类：

（1）海洋生态环境敏感区（marine eco-environmental sensitive area），指的是海洋生态环境功能目标很高，且遭受损害后很难恢复其功能的海域，包括海洋渔业资源产卵场、重要渔场水域、海水增养殖区、滨海湿地、海洋自然保护区、珍稀濒危海洋生物保护区、典型海洋生态系（如珊瑚礁、红树林、河口）等。

（2）海洋生态环境亚敏感区（marine eco-environmental sub-sensitive area），指的是海洋生态环境功能目标高，且遭受损害后难以恢复其功能的海域，包括海滨风景旅游区、人体直接接触海水的海上运动或娱乐区、与人类食用直接有关的工业用水区等。

（3）海洋生态环境非敏感区（marine eco-environmental non-sensitive area），指的是海洋生态环境功能目标较低，且遭受损害后可以恢复其功能的海域，包括一般工业用水区、港口水域等。

（二）离岸距离的远近

一般来说，近岸海域往往是河口、海湾等典型生态系统及红树林、珊瑚礁等典型生境集中分布的区域，该区域往往生物资源较为丰富。因此，一旦溢油事故发生在近岸海域，其造成的损害程度往往要大于远岸海域。

（三）海域自净能力的强弱

海域自净能力越好，溢油对海域所造成的危害越小。海域自净能力指海洋环境通过自身的物理过程、化学过程和生物过程而使污染物质的浓度降低乃至消失的能力。海域自净是一个错综复杂的自然变化过程。自净能力越强，净化速度越快。河口、海湾由于外围多布有大量岛屿或浅滩，因此区内水流速度减慢，海水交换条件受到不同程度制约，海域自净能力非常有限。封闭或半封闭的浅海或内海，由于风力小、海水流速缓、水体交换能力差，因此其自净能力低、自身的环境容量不大。

四、海况

气候条件的好坏对溢油事故的危害程度有明显影响，好的天气和海况有利于控制溢油的影响程度。作为溢油对海洋环境损害大小的影响因素之一，海况的恶劣程度主要以浪高来衡量。当油污进入海面后，受风和海流的作用，很快就会发生漂移和扩散，海浪越大，油的扩展、分散、乳化就越迅速，这不利于油的蒸发。乳化后的油对生物幼体和卵的危害也较大。

第三节　海洋溢油对海洋生态服务功能损害程度的评估技术

海洋生态服务功能是指一定时间内特定海洋生态系统及其组分通过一定的生态过程向人类提供的人类赖以生存和发展的产品和服务，主要包括供给服务、调节服务、文化服务和支持服务四大类。海洋供给服务是指一定时期内海洋生态系统提供的物质性产品和产出，包括食品生产、原料生产、氧气生产和基因资源提供。海洋调节服务是指一定时期内海洋生态系统提供的调节人类生存环境质量的服务，包括气候调节、废弃物处理、干扰调节和生物控制。海洋文化服务是指一定时期内海洋生态系统提供的文化性产品的场所和材料，包括休闲娱乐、科研服务和文化用途的场所及材料。海洋支持服务是指保证海洋生态系统提供供给、调节和文化三项服务所必需的基础服务，包括初级生产、营养物质循环和生物多样性维持。其中，生物多样性维持包括物种多样性维持和生态系统多样性维持。

海洋生态服务功能具有以下特征：

（1）服务是针对人类的需求而言，能够满足人类生存和发展的需要。

（2）服务类型包括物质产品服务和舒适性服务两方面。

（3）服务的提供者为海洋生态系统及其组分。

（4）服务是通过一定的生态过程实现的，是海洋生态系统的整体表现。

（5）服务是特定生态系统在一定时间内提供的，具有时空尺度。

海洋生态服务功能损害是指从溢油事故发生到生态系统服务恢复至正常水平这段时间内的功能损失。海洋生态服务功能损害程度与溢油量密切相关。溢油量不同，对海洋生态服务功能造成的损害是不同的。因此，按照溢油量大小，将溢油事故划分为中小型溢油事故（小于100吨）和大型溢油事故，采用不同的算法进行海洋生态服务功能损害程度的评估。

一、中小型溢油事故

由于中小型溢油事故对海洋生态服务功能中的供给功能、文化功能、调节功能及支持功能影响较小，因此其对海洋生态服务功能的损害程度没有按照供给功能、文化功能、调节功能及支持功能分项计算，而主要是统筹考虑其对自然资源可能提供的生态服务功能的影响，评估思路主要借鉴美国溢油生态损害评估方法的佛罗里达评估公式。影响中小型溢油事故对海洋生态服务功能损害程度的因素见图3-2。

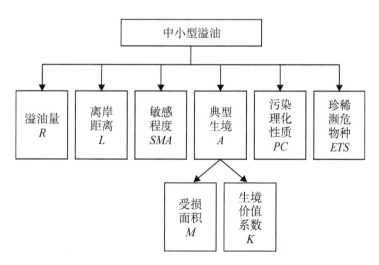

图3-2 影响中小型溢油事故对海洋生态服务功能损害程度的因素

（一）溢油量（R）

溢油量为实际溢油吨数，其中应扣除回收溢油的吨数。溢油事故中泄露的油品数量越大，其扩散范围就越大，持续时间就越长，相应地，受损对象的受损害程度就越大。溢油量的计算方法见本章第一节。

（二）离岸距离（L）

离岸距离为溢油事故发生点与海岸线的距离。以生物资源为例，在离岸不同距离的海域内，海洋生物分布的密集程度是不同的。从海洋生物分布结构规律来看，浮游植物为环大陆呈带状分布和沿纬度方向呈带状分布；初级生产力的分布，沿岸的较高，沿纬度方向呈一定的带状；大型游泳生物和小型游泳动物也有类似的分布规律。因此，在近岸海域，生物分布较为密集，海洋生物量较大，故溢油地点离岸越近，对海洋生物的影响也就越大。

借鉴美国溢油生态损害评估方法的佛罗里达评估公式中地理位置系数的取值方法，考虑我国海域内海岸带、近岸海域往往是海洋资源较为丰富的地带，从近岸到远岸设置地理位置系数，岸滩取8，近岸海域取5，离岸海域或离岸100米左右港区则取1。

（三）敏感程度（SMA）

敏感程度指的是溢油发生区域对环境敏感的系数。在佛罗里达评估公式中，列入保护地区、公园、娱乐场所、海岸、沿岸研究或渔业保留区的，该系数取2，其他地区取1。取值方法依据《海洋溢油生态损害评估技术导则》（HY/T 095—2007）对海洋生态环境敏感区的分类，海洋生态环境敏感区取3，海洋生态环境亚敏感区取2，海洋生态非敏感区取1。

（四）典型生境受损面积（M）

这里的典型生境指的是红树林、海草床、珊瑚礁、河口、海湾等较为典型的生态系统及沙滩等对溢油较为敏感的区域。这里所列的对象本身已经属于海洋生态环境敏感区或亚敏感区的范畴，将其单列出来，主要是考虑到仅通过衡量海洋环境敏感区或亚敏感区，并不能完全反映其受影响程度，因此通过计算典型生境的受损面积来体现其附加损失程度。

1. 背景值的确定

收集典型生境的相关历史资料，并通过现场踏勘及现状调查，对典型生境各评价指标进行评价。对于典型海洋生态系（如红树林），分析其水环境、沉积环境及红树林群落、底栖动物群落和红树林鸟类群落等生物指标的变化情况；对于珊瑚礁，采用定性或定量的方法分析其物理化学指标及珊瑚、大型底栖藻类和珊瑚礁鱼类等指标的变化情况；对于海草床，分析其水环境、沉积环境及海草群落和底栖动物的变化情况。

2. 受损面积的确定

典型生境损失面积的计算，主要通过现场踏勘、实际监测及卫星遥感解译三种方式进行面积的综合叠加获取。

若能够获取卫星遥感资料，则应该同时考虑经卫星遥感解译的油膜覆盖范围；若仅能获取现场踏勘及监测资料，则应结合现场踏勘情况及对该海域石油类含量的评价，综合确定受污染损害的海域面积。

（1）现场踏勘范围确定：通过现场走访踏勘，根据沾污油膜、油粒确定覆盖范围。现场踏勘主要应用于岸滩或潮间带的溢油污染。

（2）油膜覆盖范围确定：通过卫星遥感解译，提取溢油事故后典型生境内每日溢油油膜覆盖范围，得出单日监测到的油膜覆盖范围。将某一时间段监测到的所有单日油膜覆盖范围叠加，得出该时间段监测到的油膜覆盖范围。在计算中，同一地点不重复累加。

（3）受损对象石油类浓度大于背景值范围的确定：利用监测数据，评价受损对象石油类浓度，确定每个时间段其石油类浓度大于背景值的分布范围，将所有监测时间段大于背景值的范围叠加，得出受损面积的分布范围。在计算中，同一地点不重复累加。

（五）损失系数（S）

参照《近岸海洋生态健康评价指南》（HY/T 087—2005）计算珊瑚礁、红树林、海草床、河口、海湾溢油前后的生态系统健康指数。其受损系数公式为

$$S = (M_a - M_b)/M_a$$

其中，S 为受损系数；M_a 为溢油前的生态系统健康指数；M_b 为溢油后的生态系统健康指数。

（六）污染物的理化性质（PC）

污染物的理化性质主要是指油品的性质。由于油品的持续性影响远大于其所产生的毒性影响，因此仅考虑油品的持续性影响，将污染物的理化性质系数确定为持久性油类取 2，非持久性油类取 1。

综合影响受损对象损害程度的因素，可以确定中小型溢油对海洋生态服务功能的价值损害为

$$HY_E = [(B \times R \times L \times SMA) + A] \times PC$$

其中，HY_E 为生态损失价值（单位：万元）；B 为基数值，为单位溢油量的价值；R 为实际溢油吨数，扣除回收溢油的吨数；L 为地理位置系数；SMA 为环境敏感系数；A 为典型生境附加金额（单位：万元），$A = M \times K \times S$，M 为受损生境的面积（单位：平方米），S 为受损生境的损失系数，K 为不同生境的价值系数；PC 为污染物的理化系数。

二、大型溢油事故

大型溢油事故溢油量较大，导致溢油影响范围较广，溢油受损对象较多，溢油损害程度较大。因此，对于大型溢油事故，在进行海洋生态服务功能损害程度评估时，可以首先考虑按照实用性、易操作性等原则

进行海洋生态服务功能的区域划分，结合所在区域的海洋生态服务功能
价值，通过计算其所在分区区域的溢油受损面积，结合溢油油品特性，
确定该区域海洋生态服务功能价值损害程度。影响大型溢油事故对海洋
生态服务功能价值损害程度的因素主要包括所在区域海洋生态服务功能
价值、区域溢油受损面积及油品特性三个方面。

（一）区域海洋生态服务功能价值

这里所说的区域海洋生态服务功能价值，是指按照河口、海湾或者
海区来进行划分的海洋生态服务功能价值。对于海洋生态服务功能价值
的计算，目前较为常用的评估方法有三类：直接市场评估法（包括费
用支出法、市场价值法、机会成本法、恢复和防护费用法、影子工程
法、人力资本法）、替代市场评估法（包括旅行费用法和享乐价格法
等）和假想市场评估法（包括条件价值法等）。

1. 费用支出法

费用支出法以人们对某种生态服务功能的支出费用来表示其生态价
值。该方法可分为三种形式，即总支出法、区内支出法、部分费用法。
如在计算某自然景观的游憩效益时，可用游憩者支出的费用总和作为该
生态系统的游憩价值。以游客的费用总支出作为游憩价值的方法属于总
支出法；以游客在游憩区支出的费用作为游憩价值的方法属于区内支出
法；以游客支出的部分费用作为游憩价值的方法属于部分费用法。

2. 市场价值法

市场价值法先定量地评估某种生态服务功能的效果，再根据这些效
果的市场价格来估计其经济价值。在实际评估工作中，通常可分为 3 个
步骤：一是计算某种生态系统服务功能的定量值；二是研究生态服务功
能的"影子价格"；三是计算其总经济价值，计算公式为

$$V = \sum_{i=1}^{n} S_i \times K_i \times P_i$$

其中，V 为物质产品价值；S_i 为第 i 类物质生产面积；K 为第 i 类物质
单产；P_i 为第 i 类物质市场价格。

市场价值法明确反映了个人的消费偏好和支付意愿，而且所需的价

格、单产、面积都很容易获得，符合公众的心理判断，易于被公众接受。

市场价值法只能计算可以通过市场进行交易的产品和服务的数量，对市场本身的要求较高。如果市场制度不完善，不是完全竞争的，就会使市场价格并不能反映产品和服务的真正价值。

3. 机会成本法

机会成本法是指在无市场价格的情况下，用所牺牲的替代用途的收入来估算资源使用的成本。边际机会成本由边际生产成本、边际使用成本和边际外部成本组成。对于稀缺性自然资源和生态资源，价格不由平均机会成本决定，而是由边际机会成本决定，它在理论上反映了收获或使用一单位自然和生态资源时全社会付出的代价。

在资源稀缺的条件下，使用一种方案意味着必须放弃其他方案，而在被弃方案中可能获得的最大利益就构成了该方案的机会成本。在资源短缺时可用机会成本替代由此而引起的经济损失，但如何选择最大经济利益作为机会成本，仍需要依靠其他方法进行估算。计算公式为

$$OC_i = S_i \times Q_i$$

其中，OC_i 为第 i 种资源损失的机会成本的价值；S_i 为第 i 种资源的单位机会成本；Q_i 为第 i 种资源的损失数量。

该方法简单易懂，是一种非常实用的技术，能为决策者提供科学的依据，更好地配置资源。该方法常被用于某些资源的应用社会净效益不能直接估算的场合。机会成本法无法评估非使用价值，也无法评估具有外部性特征收益、难以通过市场化进行衡量的公共物品。

4. 恢复和防护费用法

环境污染已经发生，要恢复到原来的状况，必定要耗费人力、物力、财力，恢复和防护费用法就是从这个角度来计算环境污染所造成的成本。全面评价环境质量改善的效益在很多情况下是很困难的。我们将恢复或防护一种资源不受污染所需的费用作为环境资源破坏带来的最低经济损失，即为恢复和防护费用法。

5. 影子工程法

影子工程法的主要思想是在生态系统遭受破坏后，人工建造一个工程来代替原来的生态系统服务功能，用建造新工程的费用来估计生态系

统破坏所造成的经济损失。

当环境的生态价值难以直接估算时，可借助于能够提供类似功能的替代工程或所谓的影子工程的价值来替代该环境的生态价值。例如。森林具有涵养水源的功能，这种生态功能很难直接进行价值量化，但是可以寻找一个影子工程，如修建贮存量相当于森林涵养水源量的水库，此水库的价值，即其造价除以寿命期（折旧费），加上运行费用，再资本化（除以贴现率）后的数值，就可替代该森林涵养水源生态功能的价值。

6. 人力资本法

人力资本法是通过市场价格和工资多少来确定个人对社会的潜在贡献，并以此来估算环境变化对人体健康的影响。

7. 旅行费用法

旅行费用法常常被用来评价那些没有市场价格的自然景点或者环境资源的价值。例如，对于湿地，不是直接以游憩费用作为湿地游憩资源的价值，而是利用游憩的费用（常以交通费和门票费作为旅行费用）资料求出游憩商品的消费者剩余，以此推导出湿地游憩资源的价值。旅行费用法可以分为区域旅行费用法、个人旅行费用法、随机效用法。

区域旅行费用法是最简单的一种，对不同地域到该评估点旅行的人数、不同地域人口的统计信息、旅行成本等进行统计，通过建立旅游率和旅行费用的关系式，建立评价地区的函数曲线。这种方法使用起来比较直接明了，计算过程相对简单，成本较低。

个人旅行费用法是用以个人为基准的统计资料进行计算的，要求更详尽具体的资料，算法也相对于区域旅行费用法复杂，但是结果更为准确。使用这种方法进行评估，必须要搜集每一个消费者每次旅行的费用、旅行的目的、对该区域环境质量的感觉。

随机效用法是建立随机效用模型，在效用最大化的基础上，处理包含不同因子的各个地点的价值评估。这种方法适用于有很多替代地点存在的情况。消费者选择哪个地方去旅行，就已经包含了消费者的支付意愿和偏好。该方法主要应用于休闲娱乐场所，以计算人工和自然系统的娱乐价值。

这三种方法都属于旅行费用法，旅行费用法在计算中应用传统经济学的方法和理论，结果容易获得公众的认可，使用的成本不高。该方法是建立在市场行为之上的，运用该方法可以提高评估结果的可信度。旅行费用法是一种个人偏好的评估方法，主要用于评估娱乐价值高的地区的生态系统功能价值。

8. 享乐价格法

享乐价格法是利用生态系统变化对某些产品或生产要素价格的影响来评估生态系统价值的，即通过估算人们愿意为周边生态环境状况的变化多（少）支付的价格来决定这种改变的价值，进而估算环境改善的效益或者环境恶化带来的损失。享乐价格法对一些综合性的生态系统赔偿能够提出解决方案，缺点是需要大量的精确数据，且不涉及非使用价值，估值偏低。

9. 条件价值法

条件价值法是通过支付意愿或接受补偿意愿的调查而实现的评估方法，利用征询问题的方式诱导人们对非使用价值的保存和改善进行支付的意愿来确定某种非市场性物品或服务的价值。它适用于缺乏实际市场和替代市场的商品的价值评估，是类似生态资产这样的公共商品价值评估的一种特有的重要方法，能评价各种环境效益（包括无形效益和有形效益）的经济价值。它的核心是通过直接调查，了解人们对环境商品的支付意愿，并以支付意愿和净支付意愿来表达环境商品或服务的价值。

在对生态系统服务功能价值的各种基本评估方法有所了解后，就可以有针对性地对海洋生态系统的各项服务功能价值进行评估。目前，《海洋生态资本评估技术导则》（GB/T 28058—2011）已经发布实施，可以根据该导则规定的方法进行相应海洋生态服务功能价值的计算。

（二）区域溢油受损面积

大型溢油的损害对象包括岸滩、海水、海洋沉积物、生物等，因此在进行受损面积的确定时，应结合各区域生态服务价值分区，综合所有受损对象的受损害面积来综合判定。具体来说，受损对象损害面积的确定需要通过现场踏勘、监测评价及卫星遥感解译等手段来完成，以确定各受损对象超背景值的面积，然后通过各受损面积的叠加，来获取最终的受损面积。

1. 海水

海水是支撑海洋生态系统的最基本的环境要素，几乎所有形成原生质所必需的成分都以适于浮游植物吸收的形式和浓度存在于海水中，适宜的水质理化环境是海洋生物生长、繁衍的基本条件。海水受损面积评估应结合现场调查和历史调查资料，全面、详细地分析溢油事故前、后的水质状况，将石油类监测数据与历史数据（背景值）进行对比，并以国家海水水质标准来进行评价，分析溢油受损面积。

Ⅰ. 现场调查评价

根据海洋溢油事故事发海域的海洋功能区划及海洋功能区环境保护要求综合判定，确定应采用的海水水质评价标准。

依据评价标准，采用单因子指数法评价所在海域在溢油事故发生后的石油类浓度。

Ⅱ. 背景值确定

收集溢油事发海域海洋环境监测调查历史资料，选取距溢油损害发生最近的时间和空间范围的海水石油类含量的调查本底值为背景值。

（1）空间范围的选择：背景值空间范围应为海洋溢油事故发生海域及周边可能受到溢油影响的海域。对于较大规模的海洋溢油事故，由于受到影响的海域面积较广，因此可以通过海区分区块来确定不同受污染区域的背景值。

（2）时间范围的选择：背景值的选择范围为3年内的海水石油类含量调查本底值。

Ⅲ. 污染损害面积的确定

污染损害海域是指海水石油类浓度超过背景值的海域。若能够获取卫星遥感资料，则应该同时考虑经卫星遥感解译的油膜覆盖范围；若仅能获取监测资料，则应通过对该海域石油类含量的评价确定污染损害海域面积。

（1）油膜覆盖范围的确定：通过卫星遥感解译，提取溢油事故后该海域每日溢油油膜覆盖范围，得出单日监测到的油膜覆盖范围。将某一时间段监测到的所有单日油膜覆盖范围叠加，得出该时间段监测到的油膜覆盖范围。在计算中，同一地点不重复累加。

（2）海水石油类浓度大于背景值范围的确定：利用船舶监测数据，采用克里金插值法，确定每个时间段海水石油类浓度大于背景值的范围，将所有时间段大于背景值的范围叠加，得出溢油事故造成的海水石油类浓度大于背景值的分布范围。在计算中，同一地点不重复累加。

（3）污染范围的确定：将油膜覆盖范围和海水石油类浓度大于背景值的范围叠加，得出污染范围。

2. 海洋沉积物

海面上漂浮的石油受大气沉降颗粒和海水中黏土、方解石、文石、冰花或硅质等因素的影响，会随之沉入海底，变为污染沉积物。一般在沉积样品中可能检测出 C_{25} 以上的石油烃类。沉降作用一般有三种类型：①低相对分子质量组分的挥发和溶解及光氧化作用引起的溶解可使石油残余物密度增加而下沉；②油膜或分散的油滴附着在悬浮颗粒物上而下沉；③溶解的石油烃吸附在固体颗粒物上而下沉。

沉降后石油的归宿取决于海底的底质地貌条件。重要的影响因子有能量状态、沉积速度、烃类沉降的数量、生物搅动和沉积物（或基质）特性。在不同的沉积物环境中，要对沉积物和石油之间的作用做彻底的阐明是不可能的。石油残留物和吸附烃在沉积物中以一种动态的、缓慢的降解状态可持续影响很多年。石油中含有数百种化合物，主要由烷烃、芳烃及环烷烃组成，占石油含量的 50% ～ 98%，其余为非烃类含氧、硫及氮等的化合物。其中，芳烃有单环芳烃（如苯、甲苯、二甲苯），还有双环芳烃（如萘）、三环芳烃（如蒽和菲）和多环烃（如苯并芘、苯并蒽）。其中，多环芳烃难以自然降解，对生物的毒性较强，具有致癌、致畸、致突变的"三致"作用，并且可在生物体内累积，毒害海洋生物，最终经食物链传递，影响人类的身体健康（田立杰、张瑞安，1999；曲维政、邓声贵，2001）。

Ⅰ. 现场调查评价

（1）根据海洋溢油事故事发海域的海洋功能区划及海洋功能区环境保护要求，确定石油烃采用海洋沉积物评价标准，沉积物中多环芳烃采用加拿大海洋沉积物多环芳烃标准（ambient water quality criteria for polycyclic aromatic hydrocarbons），见表 3 - 2。

表 3 - 2　沉积物中多环芳烃（PAHs）浓度限值

多环芳烃名称	海洋沉积物（微克/克）
萘	0.01
苊烯	0.15
芴	0.2
屈	0.2
苯并[a]芘	0.06

（2）依据评价标准，采用单因子指数法评价所在海域在溢油事故发生后的石油类浓度。

Ⅱ．背景值确定

收集溢油事发海域海洋环境监测调查历史资料，选取距溢油损害发生最近的时间和空间范围的海洋沉积物石油类含量的调查本底值为背景值。

（1）空间范围的选择：背景值空间范围应选择海洋溢油事故发生海域及周边可能受到溢油影响的海域。对于较大规模的海洋溢油事故，由于受到影响的海域面积较广，因此可以通过海区分区块来确定不同受污染区域的背景值。

（2）调查时间的现状：背景值的选择范围为 5 年内的海水石油类含量调查本底值。

Ⅲ．污染损害范围的确定

根据海底沉积物是否可经油指纹鉴定确定为溢油的原油或油基泥浆，以及沉积物石油类含量超背景值的状况，确定溢油事故海域沉积物污染范围。

3．岸滩

岸滩的受损面积主要通过现场踏勘来确定，观察潮滩岸线受溢油影响后自然环境的整体变化，主要包括是否存在经油指纹鉴定为溢油油品的油粒、油膜等，并进行面积叠加。

（三）油品特性

油品特性综合考虑了油品的持久性和毒性两个方面。持久性系数如前所述，持久性油类取 2，非持久性油类取 1；毒性系数考虑是否使用到消油剂。油品特性综合系数见表 3 - 3。

表 3 - 3　油品特性综合系数

油品性质	消油剂使用情况	油品毒性系数	油品持久性系数
非持久性油类	+	0.8	1
	-	0.4	
持久性油类	+	1	2
	-	0.6	
备注：+表示使用消油剂；-表示未使用消油剂			

大型海洋溢油事故海洋生态价值损失计算公式为

$$HY_E = \sum (hy_{d,i} \times hy_{a,i}) \times hy_{at}$$

其中，HY_E 为海洋生态服务功能损失（单位：万元）；$hy_{d,i}$ 为溢油影响区域海洋生态价值（单位：万元/公顷）；$hy_{a,i}$ 为溢油影响海域面积（单位：公顷）；hy_{at} 为油品特性综合系数，见表 3 - 3；i 为分区单元，$i = 1，\cdots，n$。

区域海洋生态价值见表 3 - 4。

表 3 - 4　区域海洋生态价值（以 2012 年为价值基准）

区域	价值 [万元/（平方千米·年）]
渤海	731
黄海	881
东海	393
南海	595

第四节　海洋溢油对海洋环境容量损害程度的评估技术

海洋中蕴藏着丰富的可满足人类生存和持续发展需要的各种资源，不仅有可为人类提供生产和生活资料等的实物资源，而且具备再循环由人类活动产生的废弃物的能力——环境容量。环境容量即环境自然净化的能力。1986 年，联合国海洋污染专家小组正式定义了环境容量的概念：环境容量是环境的特性，在不造成环境不可承受的影响的前提下，环境所能容纳某物质的能力。这个概念包含三层含义：污染物在海洋环境中存在，只要不超过一定的阈值，就不会对海洋环境造成影响；在不影响生态系统特定功能的前提下，任何环境都有有效的容量容纳污染物；环境容量可以定量化。

海洋环境容量是指海水净化污染物的能力。它是一种客观存在的自然资源，是一种有价资源，具有稀缺性。一定区域对污染物的容纳能力是有限的，因此，当一定量的溢油进入该海域，并对该海域的环境质量构成损害时，将导致该海域环境容量的降低，也可以说占用了一定的环境容量，使该海域的环境容量受到一定程度的损失。海洋环境容量的大小取决于两个因素：一是海域环境本身具备的条件，如海域环境空间的大小、位置、潮流、自净能力等自然条件及生物的种群特征、污染物的理化特性等，客观条件的差异决定了不同地带的海域对污染物有不同的净化能力；二是人们对特定海域环境功能的规定，如确定某一区域的环境质量应该达到何种标准等。

环境容量是一种客观存在的自然资源，是一种有价资源。环境容量具有稀缺性特点，因一定的区域对污染物的容纳能力是有限的，总量控制下环境容量的供给是有限的，在需求无限而供给一定的情况下，环境容量就表现出了稀缺的经济特点。由于排污指标十分有限，美国等发达国家把排污许可的初始分配，逐渐从无偿分配转向拍卖和奖励等有偿使用措施。同时，为了使这些初始分配的排污指标在市场上能够正常流转，还出台了排污许可（排污权）交易的有关政策，从而使这些排污指标像商品一样被买入和卖出。近几年，我国环保总局提出通过实施排污许可证制度促进总量控制工作，通过排污权交易完善总量控制工作。

可见，海域环境容量应被视为有价商品，进行合理定价并实施有偿使用。

海洋环境容量的损失难以通过量化直接衡量，因此主要通过其价值来体现其损失程度。环境容量的损失程度可以根据溢油量计算或采用影子工程法计算来衡量，当两者计算结果不一致时，以前者的结果为准。在无法确定溢油量的情况下，采用影子工程法计算。

一、溢油量计算法

溢油影响区域为控制石油类入海总量的措施投资和石油类的入海消减量，在确定溢油量的前提下，按比例折算，估算溢油造成的海洋环境容量损失。计算公式为

$$HY_W = (W_t - W_r) \times M_i$$

其中：HY_W 为海洋环境容量损失；W_t 为溢油量（单位：吨），计算方法见本章第二节；W_r 为石油类入海消减量（单位：吨）；M_i 为溢油影响区域消减每吨石油类入海量所采取措施的投资额（单位：万元）。

采用该种计算方法，能够相对准确地估算出溢油造成的海洋环境容量的损失，但这种方法只有在溢油量能够确定的情况下才能采用，而且要能获取溢油影响区域为控制石油类入海总量的措施投资和石油类的入海消减量，这两个变量数值主要是通过搜集事发海域或能够覆盖事发海域的大区域的环境保护相关规划来获取。

二、影子工程法

目前我国大部分海域的环境容量尚未清晰，尚未明确投资额与相应的石油类的入海消减量。影子工程法可假定建设一个污水处理厂对受污染的海水进行处理，将建厂的费用及对受污染的海水的处理费用作为海水水质污染程度的评价。在国内外污染损害评估中，影子工程法应用广泛。如徐中民、程国栋等利用恢复费用法、影子工程法计算张掖地区生态环境损失。其中，水污染造成的水源破坏采用影子工程法，计算得出1995 年张掖地区与水有关生态环境损失价值占当年国民生产总值的3%

左右，净福利经济价值为 35.66 亿元。张玉、宁大同等利用恢复费用法计算我国因荒漠化造成的交通运输损失，用影子工程法计算荒漠化引起的水利、航运损失。

在溢油海洋生态损害评估案例中，根据受污染海域水体体积和采用影子工程法得出的单位污水处理费用计算环境容量损失已得到司法和被告方的认可。例如，天津"塔斯曼海"轮原油泄漏对海洋生态环境损害的评估、"恒冠 36"油轮溢油生态损害评估、韩国"金玫瑰"轮溢油生态损害评估、"CHANG TONG"轮溢油生态损害评估、"WE-NYUAN"溢油生态损害评估、"蓬莱 19 – 3"油田溢油生态损害评估等。其中，由于"蓬莱 19 – 3"油田溢油事故生态损害评估案例需考虑不同深度海水的污染情况，因此其环境容量损失计算应依据溢油损害的水体体积（溢油影响的海水面积和溢油影响的海水深度之积）和单位油污水处理费的价格进行计算。

根据影子工程法，假定建设一个污水处理厂对受溢油污染的海水进行处理，将受溢油污染的海水的处理费作为环境容量损害程度的首要因素，计算公式为

$$HY_W = W_q \times W_c$$

其中，HY_W 为海洋环境容量损失；W_q 为污水处理费，参照溢油源发生地或影响区域所属地市级以上城市的污水处理费用（单位：元/立方米）；W_c 为溢油损害水体体积（单位：立方米）。

损害水体体积的计算公式为

$$W_c = hy_a \times K$$

其中，hy_a 为溢油影响的海水面积（单位：平方千米），溢油影响的海水面积的确定见本章第三节海水溢油受损面积的确定；K 为溢油影响的海水深度（单位：米）。

第五节　海洋溢油对海洋生物资源与岸滩损害程度的评估技术

海洋生物是海洋生态系统的重要组成部分。确定溢油污染对海洋生物资源的损害程度一直都是溢油事故案件索赔的重要内容。本研究采用两种方法来计算溢油污染事故中海洋生物资源的损失率：一种是基于海水中污染物的超标倍数确定的海洋生物资源的损失程度，另一种是基于监测调查获取的生物密度变化率确定的海洋生物资源的损失程度。这两种方法都需要依托监测调查数据来完成。一般情况下，第一种方法较易获取数据，计算起来较简单，而第二种方法需要知道溢油前事发海域的生物密度背景值数据，但该方法较第一种方法更加准确。因此，在能够获取生物密度背景值数据的情况下，建议采用第二种方法。

一、基于海水中污染物的超标倍数的评估方法

农业农村部《建设项目对海洋生物资源影响评价技术规程》（SC/T 9110—2007）对污染物浓度（pH、溶解氧除外）超过《海水水质标准》（GB 3097—1997）或《渔业水质标准》（GB 11607—1989）中不同的倍数，给出了海洋生物资源的损失率。由于海洋溢油同样也是考虑因石油类污染给海洋生物资源造成的损害，因此可以将此方法用于计算溢油事故对海洋生物资源造成的损害。生物损失率见表 3 – 5。

表 3 – 5　污染物对各类生物损害

污染物 i 的超标倍数 B_i	各类生物损失率（%）			
	鱼卵和仔稚鱼	成体	浮游动物	浮游植物
$B_i \leqslant 1$	5	<1	5	5
$1 < B_i \leqslant 4$	5～30	1～10	10～30	10～30
$4 < B_i \leqslant 9$	30～50	10～20	30～50	30～50

续表 3 – 5

污染物 i 的超标倍数 B_i	各类生物损失率（%）			
	鱼卵和仔稚鱼	成体	浮游动物	浮游植物
$B_i \geqslant 9$	$\geqslant 50$	$\geqslant 20$	$\geqslant 50$	$\geqslant 50$

注：

1. 本表列出污染物 i 的超标倍数（B_i）是指超《渔业水质标准》或超Ⅱ类《海水水质标准》的倍数，对标准中未列的污染物，可参考相关标准或按实际污染物种类的毒性试验数据确定；当多种污染物同时存在，以超标倍数最大的污染物为评价依据。

2. 损失率是考虑污染物对生物繁殖、生长或死亡，以及生物质量下降等影响的综合系数。

3. 本表列出的各类生物损失率可作为工程对海洋生物损害的评估参考值。工程产生各类污染物对海洋生物的损失率可按实际污染物种类、毒性试验数据做相应调整。

4. 本表对 pH、溶解氧参数不适用。

5. 若为油膜覆盖区域，则浮游植物、浮游动物、鱼卵和仔稚鱼损失率按 100% 计算

二、基于监测调查获取的生物密度评估方法

（一）海洋生物资源（浮游植物、浮游动物、底栖生物）的损失程度

对溢油发生后事故海域进行现场调查，结合事故发生前的数据，可获取海洋生物资源的生物量平均密度变化率，以此反映溢油及周边海域海洋资源的损失程度。计算公式为

$$F = |F_a - F_b| \times V,\ 其中\ V = S \times h$$

其中，F 为受损系数；F_a 为溢油前海洋生物资源的生物量平均密度；

F_b 为溢油后海洋生物资源的生物量平均密度；V 为受损水体体积；S 为受损水体面积，计算方法见本章第三节；h 为受损水体深度。

（二）鱼卵、仔稚鱼

通过对溢油事故海域进行现场调查，可获取鱼卵、仔稚鱼的生物量平均密度及畸形率为，以此反映溢油及周边海域海洋资源的损失程度。计算公式为

$$Y = (Y_b - Y_a) \times S + Y_c \times (J_b - J_a) \times S$$

其中，Y 为受损系数；Y_a 为溢油前鱼卵、仔稚鱼的生物量平均密度；Y_b 为溢油后鱼卵、仔稚鱼的生物量平均密度；Y_c 为溢油后鱼卵、仔稚鱼的生物量；J_a 为溢油前鱼卵、仔稚鱼的畸形率；J_b 为溢油后鱼卵、仔稚鱼的畸形率；S 为受损水体面积，计算方法见本章第三节。

三、岸滩生态损害程度评估方法

对于岸滩，应以溢油鉴别为基础，结合现场调查、调访情况和数值模拟结果等分析确定其所受影响及受损状况，影响范围的确定以高于背景值（考虑该区域近 3 年的石油类平均波动值）的区域为准。以现场调查、调访情况和溢油鉴别结果确定受损程度。

岸滩影响范围为溢油事故造成岸滩潮间带油污分布，沉积物、间隙水或岸滩附近海水石油类浓度升高的区域。岸滩受损面积的计算详见本章第三节。岸滩生境受损程度的分析应当反映不同类型岸滩所受油污类型、油污覆盖范围、油污污染程度等，及其随时间的变化情况。岸滩生物受损程度的分析应当反映生物种类数量、生物量、群落结构等的变动情况——有无珍稀濒危物种及具有重要经济、历史、景观和科研价值的物种，及其可能的变化。

由于岸滩的受损程度较难量化，因此通常以其恢复原有程度的难易来衡量其受损程度。岸滩的修复费计算项目包括两部分：一是清污费，指溢油事故发生后，立即采取各种清污措施（如机械回收、人工清污、布撒消油剂等）清除石油污染所发生的费用；二是修复费，指在上述

方法实施后，采取生境修复技术将生境中的石油降低到一个许可的水平，恢复海域的主要结构和功能所需要的费用。修复费用计算公式为

$$HY_H = hy_{hc} + hy_{hb}$$

其中，HY_H 为修复费（单位：万元）；hy_{hc} 为清污费（单位：万元）；hy_{hb} 为修复费（万元）。

清污费的计算采用直接统计的方法，将溢油后应用各种物理、化学的方法清除石油污染所使用的原料、设备、人员、船舶、飞机等的费用（包括行政主管部门发生的溢油清污费）分别统计，最后进行累加。

修复费的计算采用直接统计的方法，包括本底监测、试验研究、现场修复、修复效果评估等的费用，最后进行累加。修复费计算公式为

$$hy_{hb} = hy_{hcb} + hy_{hce} + hy_{hcx} + hy_{hcp}$$

其中，hy_{hcb} 为修复所需要的本底监测费用，包括船舶、人员、车辆、样品取样分析等；hy_{hce} 为修复所需要的试验研究费用，包括船舶、人员、车辆、样品取样分析等；hy_{hcx} 为现场修复所发生的费用，包括原料、船舶、人员、设备、车辆、样品取样分析等；hy_{hcp} 为对修复过程和效果所开展的修复效果评估的费用，包括船舶、人员、车辆、样品取样分析等。

（袁靖周）

第四章　海洋溢油生态损害
价值货币化评估

第一节　海洋生态损害价值货币化评估的基本理论

在现代生态系统中，生态资源包含三个方面的价值：一是固有的自然资源价值，即未经人类劳动参与而天然产生的那部分价值，它取决于各个自然要素的有用性和稀缺性；二是固有的生态环境价值，即自然要素对生态系统的功能性价值，包括维持生态平衡、促进生态系统良性循环等，对人类来说，这是一种间接价值；三是基于开发利用自然资源的人类劳动投入所形成的价值，包括保护和恢复生态环境所需的劳动投入。根据生态经济学理论，生态资源是有价值的。那么，在利用生态环境时就应该支付使用成本，以补偿生态环境价值的损失。由受益者补偿其使用生态环境的成本，并使生态环境投资者得到相应的回报，这样才能保证各方利益平衡。否则，就会严重挫伤生态环境投资者的积极性，加剧生态环境的破坏。因此，生态资源价值论是海洋工程生态系统服务损害价值货币化评估的基本理论。

一、生态资源价值的理论阐释

生态资源既有使用价值又有价值。生态资源的使用价值就是生态资源对人类社会的有用性，是能够满足人们某种需要的属性，如水产品、矿产、野生动物等都能够满足人类的某种需要，因此都具有使用价值。生态资源整体的使用价值表现为生态系统的使用价值，如调节气候、繁衍物种、美化净化等。这种使用价值具有整体有用性、空间不可移性、用途多样性、持续有用性、共享性和负效益性等特点。

生态资源价值是通过生态系统服务功能体现出来的对人类直接或间接的作用。生态系统除了为人类提供资源服务之外，还为人类提供生态系统服务。所谓生态系统服务，就是无须人类耗费劳动和资本就自发地免费地提供的服务，如大气调节、气候调节、水调节、栖息地、营养物循环、遗传资源、娱乐、文化服务等。与传统经济学意义上的服务不同，生态系统服务实际上是一种购买和消费同时进行的商品，并且只有一小部分能够进入市场被买卖，大多数生态系统服务是公共物品或准公共物品，无法进入市场交易。

生态资源价值理论可以从生态资源的稀缺性、效用价值论、劳动价值论、级差地租等不同的角度进行阐释。从稀缺性理论的观点看，包括作为生产资料的海洋自然资源、海洋自然环境条件和海洋环境容量等在内的海洋自然环境资源是一种生产要素，随着经济的发展，其稀缺程度在不断提高。这种稀缺性是自然环境资源的价值基础和市场形成的基本条件。从效用价值论的观点看，海洋自然环境资源的价值是一种主观心理评价，表示人对海洋自然环境资源满足人的欲望的能力的感觉和评价，衡量尺度是其边际效用。从地租理论的观点看，绝对地租是土地所有者凭借土地所有权获得的收入，这里的"土地"实际上可以泛指一切自然资源，地租就是一种资源租金，自然环境资源的不同价值就体现在这种资源租金中。而资源级差地租是由自然环境资源的不同优劣程度造成的等量资本投入等量资源体所产生的个别生产价格和社会生产价格的差额，可分为Ⅰ、Ⅱ两种形态。资源级差地租Ⅰ是由资源的自然丰度和地理位置的差别而形成的级差地租；资源级差地租Ⅱ是由在同一资源体上连续追加投资引起资源生产率不同形成的级差地租。

二、生态资源价值刚性规律

对于不同的生态系统，要想保持和利用它的生态价值，就要求人类活动对生态系统的干扰或破坏不能超过生态系统所能承受的极限，即一定要保持生态平衡。如果人类活动对生态系统的利用超过一定的生态阈值，就会导致"生态赤字"。这时生态价值呈递减趋势，直至完全崩溃，即生态价值完全消失。

生态资源价值并不符合边际效用递减规律，而是具有刚性规律，如果人类活动使生态系统的规模缩小到一定的程度，即达到生态价值存在的极限，那么，即使生态系统仍然存在，生态资源价值的总量也不按照相应比例缩小，生态资源价值的边际量也不会增加，而是生态资源价值完全消失。由边际效用递减规律可知，相对于资源的稀缺性而言，资源数量越少或规模越小，它的边际效用就会越大，由边际效用所确定的价值量就会越大。因此，在研究生态价值问题时，应注意边际效用递减规律的适用范围，只有生态系统的某项生态价值在达到刚性极限以上时，生态价值才会存在边际效用递减的情况；反之，就要运用生态价值的刚性规律来分析生态经济问题。

三、生态资源价值是海洋生态系统服务价值货币化评估的理论依据

生态资源价值论是国内外学术界普遍关注的一个热点和难点问题。随着环境资源的价值（并不等同于经济价值）得到认识，人们进而意识到环境资源的价值应当在市场中得到体现。如果环境资源的市场价值能够被准确地评估和量化，那么它应该是建立生态系统服务价值市场最好的基础。

生态经济评价的基础是人们对于环境改善的支付意愿，或对于忍受环境损失而接受赔偿的意愿，对环境资源价值的评价也是如此。具体的评价方法有市场价值法、机会成本法、生产成本法、置换成本法、人力资本法等。现有的评价技术比较容易区分利用价值和非利用价值，但由于选择价值、遗产价值和存在价值之间存在一定的价值重叠，因此将它们分开是困难的。现有的价值构成分类框架也非尽善尽美，可能并没有包括生态系统价值的所有类型，特别是人类尚未知晓的生态系统的一些基础功能的价值。另外，目前对生态系统服务总经济价值的估算，采取分别计算各类价值然后加总的方法进行，这种方法的主要问题是割裂了各种生态系统服务之间的有机联系和复杂的相互依赖性。

海洋生态系统为人类的生存和发展提供物质条件和多种多样的服务，包括为人类生活和生产提供场所（如滩涂、浅海、深水岸线等）和对象（如海洋的鱼、虾、贝类等）。海洋生态系统还能够吸收、转化、降解输入其中的人类生活所产生的各类污染物。此外，海洋生态系统还为人类和其他生物提供生命支持和生存环境。

第二节　海洋溢油生态系统服务损害价值评估技术方法

　　生态系统服务价值货币化评估方法涉及利用经济学的概念和经验技术来评估人类活动损害导致的海洋生态系统服务数量或质量变化的货币价值。经济价值可以是支付意愿，即人们对某一产品或服务的改善或者增加愿意支付的最大数量；也可以是补偿接受意愿，即人们对某一产品或服务的损失愿意接受的最小补偿数量。净经济价值，即人们对某一产品和服务愿意支付的数量与实际支付数量之差，被用来作为产品和服务的真实价值。在经济学范畴，净经济价值是消费者剩余（消费者愿意支付的数量与实际支付的数量之差）和生产者剩余（企业实际获得的价值和他们愿意出售的价值之差）的总和。所以经济价值评估基本上是寻求建立消费者剩余和生产者剩余的评估方法。经济价值评估途径可以用于评估在市场上交易的产品或服务的经济价值，也可以用于评估那些没有交易市场的产品或服务（如保护区珍稀野生动物）的经济价值。环境与自然资源经济学已经开发出了很多的经济价值评估方法。

一、海洋生态系统服务损害价值评估方法

　　本书参考国内外评估方法，并结合化学品泄漏造成的海洋环境风险的特点，针对四类海洋生态系统服务（供给服务、调节服务、支持服务、文化服务），提出了海洋生态系统服务损害的价值评估方法。详见表4-1。

表4-1　海洋生态系统服务损害价值评估方法

一级功能	二级功能	受损表现	价值评估方法
供给服务	食物供给原材料生产	鱼、虾、蟹等海产品数量减少，水生经济植物数量减少	市场价值法

续表 4 – 1

一级功能	二级功能	受损表现	价值评估方法
调节服务	浮游植物气体调节	固碳供氧能力减弱	替代价值法（碳税法、造林成本法）
	气候调节	调节温度、湿度功能减弱	意愿调查法
	废弃物处理	海陆缓冲带减少，污染物质入海之前的缓冲和稀释作用减少，工业废水和生活污水对近海海洋生态环境造成的压力加剧	替代价值法
支持服务	生境提供	野生动植物生存环境质量下降	恢复成本法
	维持生物多样性	海洋生态系统的功能整体减弱或不稳定，科学研究意义大为降低	支出费用法 替代价值法 意愿调查法 市场价值法
文化服务	提供美学景观	休闲旅游、教育科研功能降低	支出费用法 旅行费用法 意愿调查法 专家打分法

二、海洋溢油生态系统服务损害价值评估方法

海洋生态系统服务的损害属于海洋生态系统服务价值评估的范畴，其关键是确定损害的程度，在此基础上再核算受损海洋生态服务的价值。海洋溢油造成的海洋生态系统服务损害主要从供给服务、调节服务、支持服务、文化服务四个方面的损失进行评估。

（一）供给服务损失核算

供给服务是海洋生态系统最基本的服务，指海洋生态系统为人类提供食品、原材料等产品，从而满足和维持人类物质需要的功能，主要包括食物供给、原料生产、养殖生产、捕捞生产等。目前对于溢油造成的损失的估算也主要集中在供给服务方面。由于食物供给和原材料的价值较为直观，因此目前国内外学者通常采用市场价值法来对其进行评估，就是直接利用海产品产量和市场价格来进行计算。

1. 生物资源供给损失核算

海洋分为水层部分和底层部分，海洋生物的主要生活方式为两大类，即在水层中过漂浮或游泳生活和栖息于海洋底部（底上或底内），海洋的所有深度都有生物生存。已知的海洋生物有 20 多万种（估计真实种数较此高 10 倍），海洋生物根据其生活方式分为浮游生物、游泳生物和底栖生物三大生态类群。溢油几乎会对各类生物产生不同程度的影响，其中包括鱼类和无脊椎动物、海洋哺乳动物、鸟类、海龟。生物资源损害评估按照浮游生物、游泳生物（包括鱼卵、仔稚鱼）、底栖生物和其他生物分类计算。

对海洋生物的危害可分为短期危害和长期危害。参考中华人民共和国农业农村部《建设项目对海洋生物资源影响评价技术规程》（SC/T 9110—2007）提出的一次性损害和持续性损害，对溢油事故危害进行初步划分：一次性损害是指污染物浓度增量区存在时间少于 15 天（不含 15 天）；持续性损害是指污染物浓度增量区存在时间超过 15 天（含 15 天）。根据事故后应急监测进行简单判定，当油类增量区少于 15 天时仅考虑短期危害，超过 15 天需进行长期跟踪调查，长期危害的评估应根据长期跟踪调查结果不断开展、完善。

事故调查方法与要求按照 GB 17378、GB 12763 海洋调查规范和 SC/T 9102.2 要求执行，调查内容包括：游泳生物种类组成、数量分布和资源密度分布；鱼卵、仔稚鱼种类组成和数量分布；珍稀濒危水生野生动植物种类组成和数量分布；潮间带生物种类组成和数量分布；底栖生物种类组成和数量分布；浮游动物种类组成和数量分布；浮游植物种类组成和数量分布。

生物资源损害评估的重点和难点为受损生物资源量的确定和生物资源价值化。受损生物资源量可通过现场调查和基于实验室研究的环境毒理学方法确定。生物资源价值划分为两类，具有直接市场价格的经济物种和通过替代市场法或假想市场法转化计算的非经济物种。

Ⅰ. 受损生物资源量的确定

● 现场调查法

这是根据现场调查数据确定生物资源受损量的方法。该方法数据直接可信，推荐在评估中使用。根据中华人民共和国农业农村部《建设项目对海洋生物资源影响评价技术规程》（SC/T 9110—2007），当污染物浓度增量超过《渔业水质标准》（GB 11607）或《海水水质标准》（GB 3097）中Ⅱ类标准值时，受损生物量主要取决于生物资源密度、损失率和受损海域面积三大要素，计算公式为

$$W_i = \sum_{j=1}^{n} D_{ij} \times S_j \times K_{ij}$$

其中，W_i 为第 i 种类生物资源一次性平均损失量（单位：尾、个、千克）；n 为污染物浓度增量分区总数；D_{ij} 为污染物第 j 类浓度增量区第 i 种类生物资源密度（单位：尾/平方千米、个/平方千米、千克/平方千米）；S_j 为污染物第 j 类浓度增量区面积（单位：平方千米），来源于调查数据；K_{ij} 为污染物第 j 类浓度增量区第 i 种类生物资源损失率，用百分比表示。损失率是评估损失的关键要素，有关损失率的取值，若有事故前后调查数据，则可直接相减获得；若无相关调查数据，则可参照第三章表 3 - 5 取值。

对于渔业资源，其值采用中华人民共和国农业农村部《建设项目对海洋生物资源影响评价技术规程》（SC/T 9110—2007）中的拖网调查海域天然渔业资源密度重量计算公式：

$$D = \frac{C}{qa}$$

其中，D 为渔业资源密度（单位：千克/平方千米）；C 为拖网渔获量[单位：平方千米/（网·时）]；a 为网具取样面积[单位：平方千米/（网·时）]；q 为网具捕获率，取值范围为 0 ～1。按照《渔业污染事

故经济损失计算方法》（GB/T 21678—2008），不同生物种类的可捕系数参见表4-2。

表4-2 不同生物种类的可捕系数

种类	可捕系数	种类	可捕系数
鳀鱼、棱鳀类	0.2～0.3	头足类	0.5～0.8
其他中上层鱼类	0.3～0.5	对虾类、长臂虾类	0.5～0.8
鲆鲽类、鳐类	0.8～1.0	其他无脊椎动物	0.8～1.0
其他底层鱼类	0.5～0.8	—	—

● 环境毒理学方法

对于不具备现场调查条件或未能通过现场调查获得数据资料的生物资源，可通过历史文献资料查阅分析，或通过实验室油类及多环芳烃毒性实验，对受试生物测试所得数据和收集的其他公开发表相关数据进行整理、分析和挖掘，按照相关技术规范计算石油污染物的海洋环境基准或安全阈值（包括短期暴露阈值和长期暴露阈值），再结合数值模拟技术，确定生物的损失量。

我国对海水水质基准的建立方法尚无系统的研究工作，目前仅有一些零星的水质基准，并且研究介绍也比较简略，对水质基准定值过程中的关键问题缺乏较为全面的阐述。国内学者一般借鉴美国海水水质基准研究方法体系的基准确定方法，该方法是由美国环保局负责建立和修订的数字型双值基准。该双值基准体系由最大浓度基准（criterion maximum concentration，CMC）和持续浓度基准（criterion continuous concentration，CCC）组成。CMC旨在保护水生生物不受高浓度污染物短期作用所造成的急性毒性效应影响，而CCC则是旨在保护水生生物不受低浓度污染物长期作用所造成的慢性毒性效应影响。美国环保局采用模型外推法来确定基准值，且只将栖息在北美地区的海水水生生物的急性毒性数据、慢性毒性数据及水生生物的毒性富集数据用于计算，同时规定：建立一项污染物的水质基准需获得至少八种科属的海水水生生物的急、慢性毒性数据。这八种科属的海水水生生物为：①脊索动物门中的任何两科；②节肢动物门中糠虾科和对虾科的任何一科；③除脊索动物门和节肢动物门外的其他生物门类中的任何一科；④非脊索动物门中的任何三科；⑤再增加任意一科。除此之外，美国环保局规定推导海水水质基准还至少需要一组海水藻类或维管植物的毒性数据及一组生物富集数据。其中，急性毒性数据用于推导最终急性毒性值（final acute value，FAV），并由 FAV 确定 CMC；慢性毒性数据用于推导最终慢性毒性值（final chronic value，简称 FCV），植物毒性数据用于计算最终植物毒性值（final plane value，FPA），生物富集数据用于计算最终残毒值（final residue value，FRV），最后，以 FCV、FPA、FRV 和重要物种的最低忍受值中的最低值作为 CCC。

Ⅱ. 受损生物资源价值化

受损生物资源价值化可分为两类：对于经济物种，按其市场价格和受损量直接进行价值化，具体参照《建设项目对海洋生物资源影响评价技术规程》（SC/T 9110—2007）；对于非经济物种，没有明确市场价值，可通过替代市场法或假想市场法对其进行价值转化。下面对经济物种和非经济物种的价值化分别加以详细介绍。

经济物种价值按计算公式为

$$M = \sum_{i=1}^{n} W_i \times P_i \times k$$

其中，M 为经济损失金额；W_i 为第 i 类生物资源损失量；P_i 为第 i 类生物资源的商品价格；k 为生物资源转化率，从鱼卵生长到商品鱼苗，按 1% 成活率计算，从仔稚鱼生长到商品鱼苗，按 5% 成活率计算，其他成体（包括游泳生物、底栖生物等）取 100%。

对于非经济物种，没有明确市场价值，可通过替代市场法或假想市场法对其进行价值转化。我们建立了基于食物链的转化方法，即选择污染海域中最重要的食物链，运用食物链的营养级能量传递规律，将受损的非经济物种损失量转化至经济物种损失量，再根据经济物种的市场价进行价值估算。公式为

$$W = \sum P_i \times W_i, \quad W_i = C \times R^n$$

其中，W 指非经济物种（如浮游植物、浮游动物）的损失价值（单位：

元）；P_i 指折算为具商品属性的经济物种的平均单价（单位：元/千克）；W_i 指折算为具商品属性的经济物种的损失量；n 指非经济物种（如浮游植物、浮游动物）至进行转化计算的经济物种的食物链中的营养级数；C 指非经济物种（如浮游植物、浮游动物）的生物损失量；R 为各营养级平均能量转化效率，一般按 5% ～ 20% 计算（林德曼十分之一定律），可通过查阅参考文献并结合专家意见确定。

珍稀濒危水生野生动植物经济损失可用类比法或专家判定法。

运用到案例中，某海域发生溢油事故，调查确定浮游植物损失量 C 为 70 吨，其主要食物链为浮游植物—浮游动物—小型鱼类—渔业和食用鱼类，则从浮游植物至食用鱼类，营养级数 $n=3$，从文献中获知该食物链营养级能量转化效率 R 约为 12%，根据公式可得：浮游植物转化为经济物种鱼类的损失量为 70 吨 × 12% × 12% × 12% × 1000 千克/吨 = 120.96 千克。若该地区主要经济鱼类的平均价格为 11.2 元/千克，则最后估算得出浮游植物的经济损失为 1354.8 元。

对于生态系统中某些具有特殊生态价值亦不可进行市场交换的生物资源，如鸟类、大型哺乳动物等，目前在我国从未有过索赔实践，但在实际事故中往往可能存在大量损失，可结合国际上在科研中对某类生态价值的估算进行合理的评估，例如，美国国家海洋经济计划中对海鸟、鲸类等的观赏价值做出了估量。

2. 养殖生产损失核算

溢油造成的养殖生产损失采用市场价格法进行评估。计算公式为

$$V_S = \sum_{i=1}^{n} f_i \cdot P_i$$

其中，V_S 为养殖生产损失价值（单位：万元）；f_i 为第 i 类养殖水产品的损失量（单位：吨），水产品类别分鱼类、甲壳类、贝类、藻类、其他这五类；P_i 为第 i 类养殖水产品的平均市场价格（单位：万元/吨）。

养殖水产品平均市场价格采用溢油所在海域临近的海产品批发市场的同类海产品批发价格进行计算。

3. 捕捞生产损失

若受损海域存在商业捕捞，则溢油会影响捕捞生产。例如，由于部分捕捞渔获物受到油的沾污，品质和卖相变差，销售价格下降甚至滞

销。溢油造成的捕捞生产损失可根据实际现场调查情况，采用市场价格法进行评估。

（二）调节服务损失核算

1. 浮游植物气体调节服务损失

气体调节主要指海洋浮游植物通过光合作用吸收 CO_2，释放 O_2，从而调节大气中 O_2 和 CO_2 平衡的功能。对气体调节服务的价值评价，以海洋生态系统净初级生产力数据为基础，根据光合作用方程式计算海洋生态系统光合作用固 C 量和释放 O_2 量，用碳税法和工业制氧成本法计算相应的价值。

海洋浮游植物生态系统对于气体的调节作用主要体现在通过光合作用固定大气中的 CO_2，进行初级生产，同时制造和向大气释放 O_2，光合作用化学方程式：

$$6CO_2 + 6H_2O \rightarrow C_6H_{12}O_6 + 6O_2$$
$$264 \qquad 108 \qquad\quad 180 \qquad\quad 192$$

浮游植物生产 180g 碳水化合物，可吸收 264 克 CO_2，释放 192 克 O_2；根据 CO_2 分子式和原子量，得固定 CO_2 量 = 固定 C 量 $\times \dfrac{11}{3}$，释放 O_2 量 = 固定 CO_2 量 $\times \dfrac{8}{11}$，即释放 O_2 量 = 固定 C 量 $\times \dfrac{11}{3} \times \dfrac{8}{11}$ = 固定 C 量 $\times \dfrac{8}{3}$。

根据光合作用方程式，以浮游植物初级生产力来换算固定 CO_2 和释放 O_2 的量，用碳税法和造林成本法计算相应的价值。浮游植物气体调节价值包括固定 C 的价值与释放 O_2 的价值两部分，即

$$F_{X_a} = \left(C_c + \frac{8}{3} C_{o_2} \right) x_c$$

其中，F_{X_a} 为气体调节服务价值；C_c、C_{o_2} 为固定 C、释放 O_2 的成本；x_c 为年固定 C 的量。C_c 取碳税率及造林成本价格的平均值，目前国际通

用的碳税率（以纯 C 计）通常为瑞典的碳税率，约为 150 美元/吨，我国造林成本一般约为 250 元/吨，按 2008 年人民币兑美元平均汇率 6.9385 计算，C_c 取平均值 645 元/吨。C_{o_2} 取造林成本价格及工业制氧价格的平均值，我国造林成本一般约为 250 元/吨，工业制造 O_2 的成本约为 0.4 元/千克，C_{o_2} 取平均值约为 325 元/吨。

2. 气候调节服务损失

气候调节服务是指海洋对全球降水、温度及其他由生物媒介参与的对全球及地区性气候的调节功能。海洋主要通过吸收温室气体调节气候。海洋对调节大气 CO_2 平衡有着极其重要的作用，它通过缓和大气 CO_2 浓度来调节大气温室效应。

对海洋生态系统气候调节服务损失的估算可采用两种方法。

（1）通过与同纬度内陆地区的差异效用进行保守估计。采用替代成本法，按照达到此温度差异所需空调耗电的价值作为海洋调节气候功能的价值（宋睿 等，2007）。计算公式为

$$F_{X_C} = S_C \times R_C \times Y \times a$$

其中，F_{X_C} 为气候调节服务的价值损失，S_C 为溢油影响到的调节气候功能面积，根据风险数值模拟结果获得；R_C 为实现此温度差异所需布置的空调密度；Y 为实现此温度差异，空调所需消耗的电量；a 为电费单价。

（2）采用影子工程法计算。根据光合作用方程式，即：

$$6CO_2 + 6H_2O \longrightarrow C_6H_{12}O_6 + 6O_2$$
$$264 \qquad\qquad 180 \qquad\quad 192$$

$$C_6H_{12}O_6 \longrightarrow C_6H_{10}O_5 + H_2O$$
$$180 \qquad\qquad 162$$

推算出每形成 1 克干物质，需要 1.63 克 CO_2，释放 1.19 克 O_2。

这样，溢油所造成的气候调节损失的价值评估模型为

$$P_{ar} = n(1.63C_1 + 1.19C_2)X \times S$$

其中，P_{ar} 为溢油造成的气体调节和氧气提供损失的价值；n 为影响时间；X 为初级生产力；S 为溢油影响海域面积，根据实际调查或者数模预测结果得出；C_1 为固定 CO_2 的成本；C_2 为释放 O_2 的成本。

3. 废弃物处理服务损失

海洋污染的废弃物处理是指人类生产、生活产生的废水、废气及固体废弃物等以自然或人为的方式进入海洋，然后在海洋中稀释、扩散，浓度降低，随后经过海洋的物理、化学和生物处理后，最终转化为无害物质。废弃物处理服务的损失量计算，也称为环境容量损失计算，一般采取数值模拟或其他成熟方法计算因污染物（石油类）排入或海域水体交换、生化降解等自净能力变化导致的海洋环境容量的损失，并采用调查或最近监测的实测数据予以验证。

溢油造成的废弃物处理服务损失可采用影子工程法进行估算，通过估算海水消纳石油类的数量，以污水处理费用为替代价格，假定建设一个污水处理厂对受污染的海水进行处理，将建厂的费用及对受污染的海水的处理费用作为海水水质污染程度的评价指标，从而估算出海水消纳石油类的价值。计算公式为

$$F_{X_W} = W_P + W_C \times S \times H$$

其中，W_P 为建设污水处理厂的费用（单位：万元）；W_C 为污水厂的运行成本（单位：万元/年）；S 为溢油影响的海水面积（单位：平方米），可综合现场调查数据、遥感航片和数值模拟等方法确定事故影响的海水面积；H 为溢油影响的海水平均深度（单位：米），通常以表层水体 0.5 米计。

此外，我们提出一种快速简易的评估方法，即

$$C_{UWEC} = R \times V \times \theta$$

其中，C_{UWEC} 为海洋环境容量损失费用；R 为溢油事故的溢油吨数；V 为我国消减石油类污染物的单位成本；θ 为综合折算系数。国家环保总局联合国家海洋局、交通部、农业农村部和海军及天津市、河北省、辽宁省、山东省共同修改完成《渤海碧海行动计划》。该计划提出，2005年之前，为控制油类入海量，投资 3.68 亿元，实现石油类的入海消减

量 0.28 万吨。据此可计算出目前我国消减石油类污染物的单位成本约为 13.14 万元/吨。结合渤海湾的经济水平、投资与油类污水处理关系程度等影响因素，θ 可取 20% ～ 60%。在我国首例海洋溢油生态索赔案 "塔斯曼海" 轮的溢油生态损害评估资料中，运用影子工程法计算 205.924 吨原油造成的环境容量损失额为 3600 万元，效用函数法计算为 2700 万元，而法院判定的环境容量损失为 750.58 万元。运用上述公式计算，环境容量损失费用为 541 万～ 1623 万元，在此案例中，综合折算系数为 28% 时最接近获赔金额。需要指出的是，在实践中运用时，综合折算系数可通过专家打分法确定，以使结果更为准确。

（三）支持服务损失

化学品泄漏可能影响的海洋生态系统支持服务主要包括物种多样性维持和生境提供。

1. 生物多样性维持损失

生物多样性损失的价值评估涉及存在价值，在国际上，主要采用意愿调查法，但国内很多学者在计算此项服务价值时，通常采用将每种生物赋予一个单价，然后将一个生态区域的所有种类的价值加和来进行计算。本研究认为，可以首先对受到溢油影响海域内的海洋珍稀野生物种的价值进行评估（存在价值的评估方法），然后建立被影响海域对这些珍稀野生物种生存的贡献模型，从而得到溢油对海洋生物多样性损害的价值。

《海洋生态资本评估技术导则》提供了生物多样性维持支付意愿调查问卷的示例，在实际调查中可供参考。

2. 生境提供损失

对海洋生境服务价值损失的计算可依据费用分析法中恢复费用法的思想，将修复受损生境所需费用累加，作为该生境损失的价值。具体过程是，根据受损程度确定修复目标，建立修复方法并论证其可行性，计算修复费用，作为生境损害费用。

非溶解态的油品若漂移至滩涂，对潮滩生物的影响很大，其自然消除一般需要数年，有必要对受损的潮滩进行修复，以加速其消除过程。因此，潮滩生境的损失费可采用恢复成本法进行计算，用恢复或更新由于环境污染而被破坏的滩涂所需的费用作为化学品污染的经济损失。这种方法可用来估量潮滩生境破坏所造成的最低损失。

溢油造成的潮滩生境的恢复成本包括两部分：一是溢油事故发生后，立即采取各种清污措施（如人工清理、机械回收、布设围栏防止油品扩散等）将溢油连同被污染的泥土层挖出并送至工业固废中心进行处理所花费的费用；二是当上述方法实施后，采取生境修复技术将生境中的石油类降低到一个许可的水平，重新建立栖息地的主要结构和功能所需要的费用。计算公式为

$$F_{X_B} = X_C + X_D + X_R$$

其中，F_{X_B} 为潮滩生境损失费（单位：万元）；X_C 是泄漏事故发生后，立即采取各种清污措施，将化学品进行回收的费用（单位：万元）；X_D 是将收集的化学品送至工业固废中心进行处理所花费的费用（单位：万元）；X_R 是当上述方法实施后，采取生境修复技术将生境中的化学品降低到一个许可的水平，重新建立栖息地的主要结构和功能所需要的费用（单位：万元）。

（四）文化服务损失

文化服务是指人们通过精神感受、知识获取、主观印象、消遣娱乐和美学体验等方式从海洋生态系统中获得的非物质利益，主要包括休闲娱乐、文化价值和科研价值等功能。其可采用支出费用法、旅行费用法、意愿调查法、专家打分法进行评估。一般地，可根据不同海洋生态系统类型的文化科研价值基准价和溢油影响海域面积进行估算，计算公式为

$$F_{X_N} = \sum N_i \times A_i$$

其中，F_{X_N} 为文化服务价值；N_i 为不同海洋生态系统类型的文化科研价值基准价；A_i 为溢油影响到的不同类型的海洋生态系统面积。

海上溢油事故对所在海域的科研文化服务的影响一般较小，而油污漂浮会影响海水水质和潮滩，因此对滨海旅游、休闲娱乐的影响较大。

通过溢油过程跟踪调查、现场踏勘、油指纹鉴定结果及溢油数模影响分析，可以确定被油污漂浮影响的岸线长度和海域面积，若该范围内存在旅游区，则将会给旅游业带来一定影响。通过对比事故前后的游客数量、旅游收入变化，可估算出溢油事故造成的滨海旅游业损失，将其作为海洋文化服务价值损失。

第三节　基于生态修复原理的海洋溢油生态损害评估

对于环境的损害赔偿，美国、欧盟等一般考虑恢复、替代性措施的费用及自损害发生起至完全恢复期间的过渡性损失。根据《中华人民共和国海洋环境保护法》第二十条规定的"对具有重要经济、社会价值的已遭到破坏的海洋生态，应当进行整治和恢复"及《侵权责任法》第六十五条"因污染环境造成损害的，污染者应当承担侵权责任"的立法宗旨，结合国外关于生态损害赔偿的模式和具体案例，本书介绍的生态损害价值的计算主要包含清污费用、修复费用、重建费用和过渡性损失四大类。其中，清污费用、修复费用和重建费用根据工程实际花费的经费计算，过渡性损失采用《自然资源损伤评估导则》推荐的生境等价分析法进行计算。

一、清污费用

清污费用是指清除污染和减轻损害的预防措施所产生的费用，主要包括应急处理费用和污染清理费用。应急处理是为了减轻损害而产生的费用，其主要包括应急监测费、检测费、应急处理设备和物品使用费、应急人员费等；污染清理费用包括污染清理设备的使用费、污染清理物资的费用、污染清理人员费、污染物的运输与处理费等。清除污染与减轻损害的费用根据国家和地方有关标准或实际发生的费用进行计算。

二、修复费用

受损海洋生态系统的修复要以修复受损害海洋生态系统的结构和功

能为目标，编制海洋生态修复方案。修复费用按照国家可行性研究报告阶段投资估算的编制依据、程序和方法的要求进行计算。

（一）生态修复的对象

生态修复对象包括受损潮滩及岸线、海水水质、受损海洋生物资源等，可采用生物修复、工程修复或生物与工程修复等方法。

（二）生态修复的目标

海洋生态修复应将受损区域的海洋生态环境修复到受损前原有的或与原来相近的结构和功能状态。当无法恢复到被损害前原有的或与原来相近的状况时，应采取替代性的措施恢复受损的生态结构和功能。

海洋生态损害的修复应根据损害程度和该区域的海洋生态环境特征，制定修复的总体目标及不同时期的具体阶段目标。总体目标是海洋生态修复最终要达到的目标；为尽可能地将受损的自然条件修复到其原始的状态，用具有同等功能的替代物也是可行的（Maes, 2005），以此确定的海洋生态修复目标即为具体目标，这为制订海洋生态修复方案提出基线要求。

（三）生态修复方案

生态修复是一项具有不确定性的、长期的、需要土地和资源投入的任务，不同修复类型的生态恢复措施不尽相同。根据过去干扰的持续时间和强度、塑造景观的人文条件及当前的限制条件和机会的不同，不同项目所采取的修复方案存在很大差异。最简单的生态修复方法是去除或者更改某种特定干扰，从而使生态系统沿着自身正常的生态过程独立恢复。只有在自然恢复不能实现时，才考虑进行人工辅助自然恢复。在生态修复实践中，绝大多数的修复基于生态的自我修复能力，结合采取适当的人工辅助措施。

根据海洋生态修复目标，制订海洋生态修复方案，要求技术上可行，能够促进受损海洋生态的有效恢复，修复的效果要能够得到验证。

海洋生态修复方案应包括：①生态修复的对象与修复目标；②生态修复条件；③区域生态保护与生态建设规划的关系；④生态修复方法和工程量；⑤投资估算；⑥效益分析等。

（四）海洋生态修复费用计算

根据生态修复对象的不同，计算方法有所不同。

对潮滩及岸线的修复可采用原位修复法，通过投放低温解烃菌来减轻油污对潮滩岸线的损害。修复费用主要由菌剂费和原位修复费两部分构成。

对海水水质的修复，主要采用影子工程法，即通过计算建造污水处理工程处理受污染水体的费用来估计生态损害事件造成的海洋环境容量的损失，计算公式为

$$H_{Y_w} = W_p + W_q \times W_c$$

其中，H_{Y_w} 为海洋环境容量的损失价值（单位：万元）；W_p 为建设污水处理厂的费用（单位：万元）；W_q 为处理费（单位：万元/立方米）；W_c 为损害水体体积（单位：立方米）。

损害水体体积计算公式为

$$W_c = hy_a \times K$$

其中，hy_a 为受损的海水面积（单位：平方千米），可综合现场调查数据、遥感航片和数值模拟等方法确定；K 为受损海水的平均深度（单位：米），根据调查监测实际结果计算。

对受损生物资源的修复可根据受损生物的数量，采用增殖放流的方式进行。目前我国要求放流的鱼类回捕率为 $0.2\% \sim 0.5\%$。因此，补充主要游泳生物的回捕率取其上限值的 0.5% 计算，低营养级生物放流存活率按其 10 倍计，平均为 5%，其他较高营养级的种类回捕率按 20 倍计，为 10%。目前国内人工育苗的苗种价格为 $1 \sim 7$ 元/尾，野生苗种为 $0.25 \sim 1.0$ 元/尾，可根据当地苗种价格进行计算。

三、过渡性损失

在受损的海洋生境或替代生境恢复到原生态水平前，其损失仍然存在，且随着恢复时间的推进不断减小，对这部分损失的评估可采用 NRDA 推荐的生境等价分析法（HEA）进行计算。

生境等价分析法从 1995 年首次发布以来，经过国外学者的大量研究，不断修正，成为目前被广泛接受，尤其是被司法认可的评估方法。进入 21 世纪以后，该方法逐渐被引入中国。一些学者在理论体系、模型计算等方面对该方法展开研究，并进行实例分析，取得一定的研究成果。在这些研究中，对该方法理论体系的概述大同小异，而对模型的介绍则略有不同：有介绍 1995 年版模型的，有介绍 2000 年修订版模型的，也有介绍 2006 年最新修订版模型的。虽然模型的原理相同，但有些模型表述简单，有些模型则相对较复杂，所需参数也较多，因此很容易给读者造成困惑。此外，在对案例进行分析研究时，多数学者对参数的选取都是靠假设，没有具体依据，有些即使介绍了部分参数的内涵也并没有在案例中体现，导致计算结果不可靠。

本书将以 HEA 2006 年修订版为参照，对 HEA 的理论基础、模型计算、基本假设、参数选取及货币化进行详细介绍，并将 HEA 应用在溢油海洋生态损害的过渡期损失评估中。

（一）HEA 理论基础

生境等价分析法是一种在服务对服务（service-to-service）基础上界定生境损失和收益的方法（Allen，2005）。HEA 假定公众愿意接受在修复工程和受损生境间一对一的服务交换，以单位修复工程的服务来交换单位受损生境的服务，用以补偿公众的生境服务损失。

HEA 适用的条件为：①采用通用的度量方法定义自然资源服务功能，使之既适用于原生境提供的服务，也适用于生境受损后及替代生境提供的服务质量和数量；②受损和替代导致的资源和服务变化足够小，且单位服务价值独立于服务水平的变化。

（二）HEA 模型计算

在溢油事故发生后，生境服务价值迅速从基线水平下降至较低水平，并在自然恢复开始前一直维持在该水平；随后，自然恢复开始，生境服务价值逐渐上升至基线水平，并保持在基线水平。图 4-1(a) 中的 L 表示溢油引起的生境服务价值损失额，因完全恢复至基线水平，故没有永久损失。图 4-1(b) 反映了替代生境提供的服务价值随时间的变化，G 表示替代生境提供的服务价值补偿量。通常，修复生境是建立在已退化生境基础上的，因此替代生境的初始服务价值大于零；且当溢油引起的生态损害过大时，替代生境通常不能提供完全相同的生境服务，此时，最大服务水平将低于基线水平。

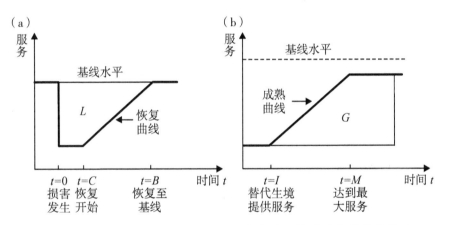

图 4-1　受损生境的服务价值损失（a）与替代生境的服务价值收益（b）
（Thur，2007）

根据 HEA 的计算过程，可得受损生境服务价值损失量 L 为

$$L = J \times V_j \times \sum_{t=0}^{B} (1+r)^{c-t} \times \frac{b^j - 0.5(x_{t-1}^j + x_t^j)}{b^j}$$

替代生境服务价值补偿量 G 为

$$G = P \times V_p \times \sum_{t=1}^{L} (1 + r)^{c-t} \times \frac{0.5(x_{t-1}^p + x_t^p) - b^p}{b^j}$$

当受损量与补偿量相等，即 $L = G$ 时，补偿生境面积为

$$P = J \times \frac{V_j}{V_p} \times \frac{\sum\limits_{t=0}^{B} (1 + r)^{c-t} \times \dfrac{b^j - 0.5(x_{t-1}^j + x_t^j)}{b^j}}{\sum\limits_{t=1}^{L} (1 + r)^{c-t} \times \dfrac{0.5(x_{t-1}^p + x_t^p) - b^p}{b^j}}$$

各变量定义见表 4 - 4。

表 4 - 4 HEA 计算公式中的变量及定义（NOAA, 1997）

变量	定义	变量	定义
$t = 0$	溢油事故当年	$t = C$	开始计算贴现的时间（单位：年）
$t = B$	受损生境恢复到基线服务水平的时间（单位：年）	$t = I$	生境补偿计划开始提供服务的时间（年）
$t = M$	生境替代补偿计划不再提供服务的时间（单位：年）	V_j	受损生境单位面积每年的服务价值损失
V_p	替代生境单位面积每年的服务价值增长	x_t^p	t 年末代替生境所能提供的服务水平
x_t^j	t 年末受损生境所能提供的服务量水平	b^p	替代生境单位面积的最初服务水平
b^j	受损生境在受损前的单位面积基线服务水平	r	贴现率
J	受损生境的范围（单位：英亩）	P	替代补偿计划的生境范围（单位：英亩）

若受损生境在 $t = N$ 年自然恢复到最大服务水平，但仍小于基线水平，即存在永久损失，则 P 的计算变为

$$P = J \times \frac{V_j}{V_p} \times \frac{\sum_{t=0}^{N+1} \left[(1+r)^{c-t} \times \frac{b^j - 0.5(x_{t-1}^j + x_t^j)}{b^j} \right] + \left[\frac{b^j - 0.5(x_{t-1}^j + x_t^j)}{b^j} \times \frac{1}{r} \times (1+r)^{c-(N+1)} \right]}{\sum_{t=1}^{L} (1+r)^{c-t} \times \frac{0.5(x_{t-1}^p + x_t^p) - b^p}{b^j}}$$

若替代生境在 $t = M$ 年达到最大服务水平，且无限期永久地提供生态服务，则 P 的计算变为

$$P = J \times \frac{V_j}{V_p} \times \frac{\sum_{t=0}^{N+1} \left[(1+r)^{c-t} \times \frac{b^j - 0.5(x_{t-1}^j + x_t^j)}{b^j} \right] + \left[\frac{b^j - x_{N+1}^j}{b^j} \times \frac{1}{r} \times (1+r)^{c-(N+1)} \right]}{\sum_{t=1}^{M+1} \left[(1+r)^{c-t} \times \frac{0.5(x_{t-1}^p + x_t^p) - b^p}{b^j} \right] + \left[\left(\frac{x_{M+1}^p - b^p}{b^j} \right) \times \frac{1}{r} \times (1+r)^{c-(M+1)} \right]}$$

（三）HEA 基本假设

HEA 是一种简化的模型，涉及一些基本假设，但当这些假设不符合实际情况时，就需要对模型做出相应的改变。

假设 1：受损生境与替代生境提供同种类型和质量的服务，且单位服务价值相同（Dunford，2004）。

HEA 的基本假设就是受损生境所提供的服务与修复生境所提供的服务是同种类型和质量的。而在现实中，人们可能无法做到这一点。例如，在一些自然资源损害案例中，当对河流、湖泊或沿海地区底质造成损害时，可能不适合利用现有的工具，在不改变水文条件下修复受损底质。此时，只能采用替代的方法，如建造近岸湿地或河岸走廊，以弥补当地生态系统服务的损失，当然这些服务明显不同于底质提供的生态服务。因此，在这种情况下，HEA 需要利用一些合适的转换因子，以使不同类型的生态系统服务相互转换（如底质和湿地）。

本书建议参照《自然资源损伤评估导则》或 Costanza（1997）对全球不同类型海洋生态系统的平均公益价值的核算（表 4-5）计算出转换因子。例如，若将海草床当量因子设为 1.000，则潮滩当量因子为 0.765，以此类推。

表 4-5　不同类型海洋生态系统的平均公益价值

	生态系统类型					
	河口和海湾	海草床	珊瑚礁	大陆架	潮滩	红树林
平均公益价值 ［元/（公顷·年）］	182950	155832	47962	12644	119138	78097
平均公益价值 ［美元/（公顷·年）］	22832	19004	6075	1610	—	9990

　　假设 2：生境服务与生境价值有固定比例（Dunford，2004）。

　　HEA 假设生境服务与生境价值间有固定比例：若受损生境服务下降 40%，则受损生境价值也下降 40%；类似地，若修复生境服务提高 20%，则修复生境价值同样提高 20%。这一假设并非适用于所有情况，因为生境受损程度的增大会增加该生境的单位价值，从而在某些程度上抵消生境服务损失，因此剩余生境价值比原生境价值高。例如，当某地区 2/3 的湿地遭受损害，那么在恢复过程中，湿地价值的增长肯定不同于湿地服务的增长。因此，HEA 只适用于受损生境和替代生境的资源服务变化较小的情况。

　　假设 3：受损生境单位服务价值不随时间变化（Chris，2013）。

　　受损生境单位服务价值不随时间变化，即基线水平不发生变化。《1990 年油污法》将基线定义为"自然资源服务在事故发生前的状态水平"。为了计算过渡期损失，基线作为生态系统服务价值的特征值，是损害评估的基础，用来估算经济和生态损害，并有助于选择合适的修复方案。当前，《NOAA 指南》中认为受损生境服务价值的基线水平取决于生态学的基线水平，且基线值通常采用历史数据、参考数据、控制数据等。事实上，能够准确描述生态系统服务功能损害前后变化的数据较少，且生态系统和自然资源通常处于波动的、不稳定的状态，与原始值存在一定差异。这些不稳定状态通常由人为或自然因素造成，例如，沿海地区人类活动及修复工程使生态系统在过去几十年里发生较大改变，飓风等自然灾害也会引起沿海地区生态基线的波动，这些都表明生态基线不是恒定不变的。

如果在受损生境修复过程中，社会经济变量随时间发生变化（如人口、收入、房屋价值等），就会影响生态系统服务价值基线的波动，从而使修复范围发生改变。例如，非竞争性的湿地生态服务包括非消费性服务（预防风暴）、直接使用服务、非使用服务，这些服务价值随着当地人口的增长而增长，如果在生境发生损害期间人口增长，那么生态系统服务的基线价值也会随之增长，否则损害评估就会偏小，使补偿性恢复工程不足以弥补公众损失。

若人口增长速度较低而修复措施进行较快，则偏小的损害评估值会有所缓解。然而，倘若受损生境的恢复是长期的，且人口增长较为迅速，那么实际的受损生态服务价值会远大于估算值。

（四）HEA 变量选取

在 HEA 的计算中，除了基本假设外，涉及的变量较多，且变量的选取直接影响计算结果的准确性。因此，为使计算结果更准确、更符合实际，选择恰当的变量显得尤为重要。

1. 贴现率的选取

由于人的时间偏好和资金自我增值潜力，在经济评估中一般采用正的贴现率对结果进行调整（郑鹏凯，2010）。在 HEA 的计算中，一般采用的贴现率为 3%（NOAA，1997）。这一贴现率符合历史平均水平，反映了公共物品消费意愿（Freeman，1993）。而在评估长期损害时，代际间的贴现率通常小于代际内的，因此贴现率发生变化，建议使用修改后的伽马分布贴现率（表 4 - 6）。

表 4 - 6　伽马分布贴现率

时间（年）	贴现率（%）
1 ~ 25	3
26 ~ 75	2

续表 4 - 6

时间（年）	贴现率（%）
76 ～ 300	1
≥300	0

2. 生境服务时间变化曲线的确定

在损害发生后，首要的任务就是准确预测受损生境和替代生境的未来状况，这些预测一般依靠经验和模型，因此有较大的不确定性。HEA多数采用线性函数作为生境服务时间变化曲线。与此同时，也有学者利用其他函数（如逻辑斯蒂函数、凹函数）与其做对比，发现在使用逻辑斯蒂函数时，替代生境面积较线性函数有所减少；而使用凹函数则相反，替代生境面积有所增加。因此，为平衡二者差异，本文建议采用线性函数作为生境服务变化曲线，以防止计算结果偏大或偏小。

3. 受损生境生态服务功能损失率的确定

根据国内学者对 HEA 的研究，受损生境生态服务功能损失率的确定会对替代生境面积的计算产生较大影响，而损失率的确定又与生态服务指标的选取有着直接关系。

HEA 要求受损生境与恢复生境采用同样的生态指标，且指标必须能够量化生境服务水平的差异。可以将其分为两种：一种是与受损资源服务有直接关系的指标（如生物量），该指标可用于短期的生境损害评估；另一种是利用相对度量的生态属性来代表受损生境提供的生态服务。无论选取哪一种指标，都必须能代表受损生境的生态服务功能。

生态系统服务以不同生境特征为基础，因此即使是同种生境，生态服务指标也会有所不同。

在盐沼湿地的生态指标选择中，Brian 就墨西哥湾溢油事故对路易斯安那州盐沼的影响进行了研究，以植物根茎死亡率作为指标，发现在没有岸线侵蚀的盐沼地带，受损盐沼的完全自然恢复大约需要 1.5 年；Kusler、Kentula、Thayer 等采用生物量、立木度、植物根茎死亡率等指标来评估盐沼生态系统遭受溢油或其他损害后的恢复状况；Elizabeth 则根据盐沼不同服务类型总结了各种不同的生态指标（表 4 -7）。

表4-7 不同生态服务的相关指标及恢复到最大水平的时间

生态服务	指标	时间（年）	恢复率（%）	恢复类型
初级生产力	地表上生物量	2～3	100	重建
	地下生物量	3	100	恢复
	立木度	5～6	100	恢复
土地利用和 生物地球化学循环	土壤有机质	24	29	重建
	土壤N含量	24	50	重建
	土壤C含量	5	8	重建
	土壤粗有机质	15～30	100	重建
	溶解有机碳	5	34	重建
	溶解有机氮	5	60	重建
	NH_4-N	5	25	重建
无脊椎动物食物供应	底栖生物密度和 物种丰富度	15～25	100	重建
	底栖生物群落组成	1～17	100	重建
次级生产力	甲壳类动物密度	3～15	93	重建
	贝类密度	5	20	重建
	鱼密度	5	100	重建

对海草床生态系统，在过去NOAA的例子中，多数使用短枝密度（short-shoot density）作为量化海草床受损生境和修复生境服务的指标，短枝密度不仅易于测量，也是植物覆盖率的重要代表性指标（Mark，2010）。

对珊瑚礁群落，一般以造礁珊瑚覆盖度作为早期珊瑚礁群落的生态服务指标，将总珊瑚覆盖度作为以石珊瑚或类似珊瑚为主的珊瑚礁的服务指标（Shay，2009）。由于珊瑚礁生长非常缓慢，因此恢复期非常漫长。有学者认为，受损珊瑚礁才能恢复原状需要50～100年。也有学者认为，珊瑚礁的损害是永久的，只有采用新建生态系统的方法才能抵消部分损失。例如，采用增长快速、相对寿命较短的造礁珊瑚（如 P. astreoides）代替生长缓慢的珊瑚种，或将由珊瑚虫主导的珊瑚礁变为由海藻主导的珊瑚礁等。

红树林作为我国南部海域广泛存在的一种特殊海洋生态系统，虽然在已有的 HEA 案例中缺乏相关研究，但考虑到大型底栖动物是红树林生态系统的重要生态类群，对红树林生态系统的食物链、初级生产、改善土壤状况等生态功能均有重要意义，常将其作为受损红树林的监控和管理的生态指标（Lee，1999；Field，1998）。因此，国内学者建议选取红树林大型底栖动物密度作为生态指标。

（五）HEA 计算结果的货币化

如上所述，HEA 的计算结果为一个非货币化的单位——面积。因此，在溢油生态损害评估过程中，需要通过合适的方法对其进行货币化转化。在以往的 HEA 案例中，货币化转化方法各有不同：有采用单位生境的平均修复费用作为单位生境服务的货币价值的；也有依据生境因素判断单位面积生境的货币价值（章耕耘，2014）的。转化方法不同，生态损害价值的评估结果亦不同。国内很多学者以 Costanza（1997）对全球生态系统平均公益价值的估算或《自然资源损伤评估导则》中建议的不同海洋生态系统的平均公益价值作为依据，进行货币化转化。然而，这些公益价值都不具有针对性，不能很好地反映溢油所在区域的生态系统特征和社会经济发展水平。

因此，本书建议采用文献收集的方法，根据溢油所在区域的生态系统特征，收集相关文献资料，确定不同海洋生态系统的公益价值；若搜索不到相关文献，或文献记载不全面，则借鉴《自然资源损伤评估导则》提供的平均公益价值，将 HEA 计算结果货币化。以广西为例，广西的典型海洋生态系统包括红树林生态系统、海草床生态系统、珊瑚礁生态系统。

红树林生态系统的公益价值参考广西师范大学伍淑婕等在 2006 年对广西 8374.9 公顷红树林生态系统服务功能及价值的研究：其依据 Costanza 的分类方法，将广西红树林生态系统服务功能分为资源、环境和人文功能，再细分为实物产品、促淤造陆、消浪护岸、固定 CO_2 和释放 O_2、污染物降解、动物栖息地、娱乐旅游等功能类型，最后计算出红树林主要生态服务功能总价值为 411819.8 万元，平均单位公益价值约为 49.173 万元/（公顷·年）。

依据中科院南海研究所韩秋影等（2007）对广西合浦海草床的研究，结合实地调查、统计资料和已有的研究成果，对该地区海草床生态系统服务功能的价值进行评估，认为 2005 年广西合浦海草床生态系统平均单位公益价值约为 6.29×10^5 万元/（公顷·年）。

对于珊瑚礁生态系统公益价值的研究，由于目前国内尚未有相关文献记录，因此采用《海洋溢油生态损害评估技术导则》中提供的珊瑚礁生态系统平均公益价值 47962 元/（公顷·年）作为单位生境服务的货币价值进行转换。

四、重建替代工程费用

若受损海洋生态无法修复，按照影子工程法，计算重建替代工程的费用，并计算恢复期生物资源、环境容量等的损失。重建替代工程建设的费用按照国家和有关行业的工程造价标准编制，计算公式为

$$T_{CJ} = T_G + T_{TH} + T_S + T_Q$$

其中，T_{CJ} 为重建替代费用总费用（单位：万元）；T_{TH} 为替代工程建设所需的土地、海域的购置费用（单位：万元）；T_G 为工程建设成本（单位：万元），包括水体、沉积物等生境重建所需的直接工程费和其他相关费用；T_S 为主要生物种类的恢复费用（单位：万元）；T_Q 为其他费用（单位：万元），包括调查研究、制订替代工程方案、跟踪监测等费用。

海洋生态损害总价值评估包括以上几个方面损害价值的总和，另外还应包括为确定海洋生态损害的性质、程度而支出的监测、评估费用，以及专业咨询、法律服务的合理费用，其根据国家和地方有关监测、咨询服务收费标准或实际发生的费用进行计算。

第四节　海洋溢油生态损害价值货币化评估程序

美国内政部（DOI）与国家大气和海洋管理局（NOAA）分别就自然资源损害评估建立了两套程序。前者针对《清洁水法》《综合环境反应、赔偿和责任法》下的石油和危险物质泄漏导致的损害，后者用于

《1990 年油污法》（OPA）下的石油排放产生的损害。

在 DOI 规则中，自然资源损害评估分为四个阶段：预评估阶段、评估计划阶段、评估阶段和评估后阶段。NOAA 规则下的自然资源损害评估包括预评估阶段、修复计划阶段和修复实施阶段。

本书综合美国采用的评估程序，结合我国的实际，将评估程序分为准备阶段、调查阶段、分析评估阶段和报告编制阶段。海洋生态损害评估工作程序参见图 4-2。

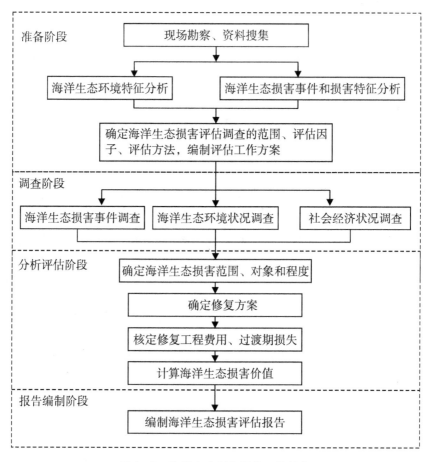

图 4-2　海洋生态损害评估工作程序

（1）准备阶段：搜集损害事件发生海域的历史资料，开展现场踏勘，分析生态损害事件的基本情况和生态损害特征，确定生态损害评估的内容，筛选出主要生态损害评估因子、生态敏感目标，确定评估调查的范围、评估因子和评估方法，编制评估工作方案，明确下阶段生态损害评估工作的主要内容。

（2）调查阶段：根据海洋生态损害评估工作方案，按照评估工作的要求，组织开展海洋生态损害事件调查、海洋生态环境现状调查及社会经济状况调查。

（3）分析评估阶段：整理分析评估海域历史调查资料，按照背景值确定原则分别筛选用于生态损害评估的水质、沉积物、生物等生态环境背景值。基于与各类环境因素的背景值的比较分析，评估海洋生态损害事件发生前后各生态要素的变化状况，评估损害事件的海洋生态损害范围、对象和程度，确定生态修复方案，核定修复工程费及过渡期损失，计算海洋生态损害价值。

（4）报告编制阶段：对调查和收集的资料、数据进行汇总、分析、判断，结合分析论证的内容，编制海洋生态损害评估报告。

一、评估准备阶段

准备阶段主要是对现在海洋生态环境、资源状况、溢油事故发生的基本情况、相关案例及评估工作所需要的其他资料进行收集和整理。需要注意的是，必须对这些资料的来源和时间进行注明，并加以甄别，监测与调查资料来自具备相应资质的单位，并按照标准要求实施的才可以使用。

收集生态损害海域有关的历史资料，通过研究阅读已有资料与实地踏勘，开展对海洋生态损害事件的性质、损害特征和海洋生态特征分析，确定评估调查的范围、评估因子、评估方法，有针对性地制订生态损害调查和评估工作方案。

评估准备阶段需要收集的资料主要包括：

（1）海洋生态环境资料，即水文气象、海洋地形地貌、海水水质、沉积物环境质量、海洋生物生态等历史调查资料。

（2）海洋资源及其开发现状资料。

（3）损害事件的地理位置、时间、损害方式等概况，损害事件发生后采取的措施和控制情况，有关部门和单位对生态损害事件已进行的调查取证资料。

（4）相关海洋生态损害案例资料。

（5）其他与生态损害事件相关资料及评估工作所需的资料。

对收集的调查资料应注明资料来源和时间，使用已有的资料时须经过筛选，监测与调查资料应来自具备相应资质的单位，实施过程中按 GB 17378.2 和 GB/T 12763.7 中海洋调查资料处理的方法和要求进行。

二、海洋生态损害调查阶段

海洋生态损害调查应满足损害评估和恢复方案编制的要求，覆盖损害影响的全部空间范围和时间期限，并能反映评估海洋生态损害程度的趋势。

（一）海洋生态损害事件调查

调查包括两个部分，污染源的诊断与识别和事件相关信息的调查。

1. 污染源的诊断与识别

污染源诊断主要指确定污染源、泄漏量、扩散区域等参数。溢油源鉴定应按照溢油鉴别、现场走访、数值模拟与遥感技术等多种技术加以诊断（具体可参照《海洋溢油鉴别系统规范》）。其他化学品（包括化学品泄漏和污染排放）的污染源诊断应结合特征化学物鉴定方法（可采用色谱、光谱、质谱等现代分析技术进行定性鉴定）、现场走访及数值模拟化学品在海区里的分布扩散规律等。

2. 事件相关信息的调查

通过调查、调访、现场取证等方式，采用 GPS 技术定位、现场摄影和录像纪实的方法记录事故现场环境污染状况（如水体颜色、气味异常等）及生物、生态受损的情景，判定发生生态损害事故的类型、确切位置（方位），并划定调查区域范围，按污染和生态损害的类型选择调查取证的内容和方式。

对于突发性海洋生态损害事件，有关部门需收集事故发生的生产设施如输油管、石油平台、泄漏船舶等的化学品种类、理化性质（化学品的密度、溶解度、黏度、蒸气压、反应性）、生物毒性（IC_{50} 等）等。同时，要掌握事故发生的应急措施和实施情况、污染的控制和事故的善后工作等信息。

（二）海洋生态环境状况调查

海洋生态环境调查要素主要包括海洋水文要素、海洋气象要素、海洋化学要素、沉积物要素、海洋生物要素、生态要素等。调查方法参照《海洋调查规范》（GB 12763）和《海洋监测规范》（GB 17378）执行。可根据海洋生态损害事件的类型和特点，以及损害评估计算和恢复方案编制的要求，相应地选择上述部分或全部要素进行调查。如对污染类生态损害事件，应侧重于化学要素（如油类、其他特征污染物或次生污染物）、pH、悬浮物、溶解氧、化学耗氧量、生物耗氧量、多环芳烃等进行调查。

1. 调查要求

海洋生态环境状况调查主要包括海洋水文、海洋气象、海水水质、沉积物、生物、生态等方面。选取的调查内容应满足损害评估和恢复方案编制的要求，根据生态损害事件性质和海域的生态特征，重点进行生态损害的特征参数调查：

（1）生态损害事件所排放的主要污染物和特征污染物。

（2）评估海域存在海洋生态环境敏感区时，调查内容应包括生态环境敏感区的特征参数。

海洋生态环境要素调查应在开展海洋水文、海洋气象、海水水质、沉积物、海洋生物等现场调查工作的同时，收集该海域前期的生态、环境等数据资料进行分析整理。

2. 站点的布设

调查站点的布设应覆盖损害影响的全部范围，能反映评估海域内生态损害程度（如污染物浓度分布）的趋势。

3. 调查内容

（1）海洋水文：选择水温、盐度、海流、波浪、潮汐的全部内容或部分内容进行调查。

（2）海洋气象：选择气压、气温、降水、湿度、风速、风向等全部或部分内容进行调查。

（3）海水水质：选取与生态损害事件有关的特征污染物和次生污染物，同时选取 pH、水温、盐度、悬浮物、生化需氧量、化学需氧量、溶解氧、石油类（或其他特征污染物和次生污染物）、大肠菌群、粪大肠菌群、病原体等全部或部分内容进行调查。

（4）海洋沉积物：选取生态损害事件有关的特征污染物和次生污染物，同时选取硫化物、有机碳、重金属等项目进行调查。

（5）生物调查：选取浮游植物、浮游动物、大型底栖生物、潮间带生物、叶绿素 a、初级生产力、微生物、游泳生物，以及珍稀濒危生物和国家重点保护动植物等全部或部分内容进行调查。

4. 生态环境敏感区调查

评估范围包括海洋渔业资源产卵场、重要渔场水域、海水养殖区、滨海湿地、海洋自然保护区、珍稀濒危海洋生物保护区、典型海洋生态系（如珊瑚礁、红树林、河口）等生态环境敏感区，此外，还应选择以下相关内容进行调查：

（1）自然保护区，主要包括自然保护区的级别、类型、面积、位置等。

（2）典型海洋生态系，主要包括红树林、珊瑚礁、海草床等的位置、面积大小等。

（3）珍稀和濒危动植物及其栖息地，主要包括保护生物种类、数量及栖息地面积等。

（4）海洋渔业资源产卵场、重要渔场水域，主要包括海洋渔业资源的品种、生物学特性等。

（5）海水养殖区，主要包括养殖种类、养殖面积、养殖数量等。

（6）滨海湿地，主要包括湿地位置、类型及面积等。

（三）社会经济调查

根据海洋生态损害价值评估的方法及方法应用中的参数，需要了解和收集海洋生态损害事件发生所在地区的区域海洋生态建设、生态修复工程建设投资费用、环境基础设施建设工程的规划方案与投资费用

（如污水处理厂的建设费用）、可商品化的海洋生物资源的市场价格（如增殖放流的成本计算），通过公众调查，了解掌握重要的、公众关心的海洋生态损害问题等内容。

调查收集海洋生态损害评估工作所需的社会经济资料，主要内容包括：

（1）评估海域开发利用与经济活动的资料。

（2）可商品化的海洋生物资源的市场价格。

（3）区域海洋生态建设、生态修复工程建设投资费用。

（4）区域环境基础设施建设工程的规划方案与投资费用。

（5）通过公众调查，了解掌握重要的、公众关心的海洋生态损害问题。

三、海洋生态损害程度评估阶段

受损对象和受损程度的确定是生态损害评估中非常重要的内容，为后续的确定修复对象和修复规模提供相应的基础数据和依据。要指出的是，考虑到受损面积和受损量相对容易确定，并容易被法庭采信，因此在本书中，受损程度特指受损面积（主要针对水体、沉积物和潮滩）和受损量（主要针对生物体）。

背景值选择距损害事件发生最近的时间和空间范围的调查本底值；对于环境质量要素，一般应以 3 年内的监测资料作为可选的背景值；对于生物生态要素，一般应以 3 年内并与损害事件的发生同一或相近季节的资料作为可选的背景值。若没有上述调查值，可参照相关文献。

损害程度的确定，一般应通过现场调查得到。对于涉及范围区域较大、人力勘察较为困难或难以到达的损害事件，可采用遥感调查、数值模拟法、物理模型实验法及近似估算法确定海洋生态损害的范围。

（1）海水水体、沉积物、生物体质量：主要考虑水体、沉积物和生物体等不同介质中油类或泄漏化学品，或其他特征污染物浓度是否显著高于背景值（正常波动除外，一般不低于 5%，具体情况具体分析），同时应结合溶解氧、化学需氧量等密切相关的环境要素值。水体、沉积物的受损程度，在本书中特指污染造成的某种环境要素（溢油事故主要以石油浓度为准，化学品泄漏和超标排污主要以特定污染物浓度为准）监测结果高于（或低于）背景值的范围（或面积）。确定受损程度可采取现场勘探调查方法。若范围太大，可结合采用遥感调查、数值模拟法、物理模型实验法及近似估算法。在本书中，生物体的受损程度，主要指死亡的生物体数量，或生物体质量已发生改变的数量。可采用现场调查的方法对生物体受损程度进行研究。若缺乏现场调查资料等情况，可利用实验室实验的方法，包括毒性实验、生物可利用性研究和生物标志物的研究。如通过毒性实验确定半数致死浓度，再通过公式估算生物体的死亡率。

（2）潮滩：主要对比事故前后是否有明显的固态泄漏物附着。其受损程度，指明显的固态泄漏物附着的范围（或面积）。确定受损程度可采取现场勘探调查方法。若范围太大，可结合采用遥感调查等方法。

（3）水动力环境：主要针对非污染损害事件造成海域水动力环境不同程度的变化，包括纳潮量变化、流场变化、水交换和污染扩散能力变化、悬沙浓度变化、泥沙冲淤变化、潮位变化等。可根据数值模拟计算，对纳潮量改变、流场改变、水交换率改变和冲淤改变进行详细分析，并进行影响评价，得出水动力和冲淤环境的综合损害程度。一般可选取流速、冲淤、纳潮量和交换率四个指标的变化量对水动力环境进行分析。

（一）海水水质损害

以现场调查和历史调查资料为基础，全面、详细地分析损害事件前后的水质状况，分析损害事件对水质产生的影响。分别计算特征污染物（包括次生污染的特征污染物）不同污染程度（超出海水水质评价标准值或背景值）的海域范围和面积，绘制出浓度分布图。

（二）海洋沉积物环境损害

以现场调查为基础，全面、详细地反映出损害事件发生前后海底沉积物的质量状况。计算特征污染物（包括次生污染的特征污染物）不同污染程度（超出海底沉积物评价标准值或背景值）的海域范围和面积，绘制出浓度分布图。

（三）海洋生物损害

以现场调查和历史资料为基础，应全面、详细地反映出损害事件前后生物种类、生物量和生物密度、海洋生物质量、经济与珍稀保护动物数量等的变化情况。

可通过历史资料的综合比较，采用背景比较分析方法（或实验室毒理方法）确定其变化情况。

海洋生物损害程度的确定可采用定量或半定量的方式描述，难以定量的应采用专家评估的方式取得。

（四）潮滩损害

可通过综合比较历史资料，采用背景比较分析方法确定其变化情况。

（五）典型生态系统损害

对于典型海洋生态系统，在调查的基础上，分析其水环境、沉积环境、特征海洋生物及其栖息地的损害情况。

（六）水动力和冲淤环境损害

对于明显改变岸线和海底地形的损害事件，还应分析生态损害造成的水动力和冲淤环境变化，以及对海洋环境容量、沉积物性质和生态群落的损害情况。

（张 平 刘贝贝）

第五章 海洋溢油生态损害赔偿的
对象与模式

第一节 海洋溢油生态损害赔偿的理论依据

海洋溢油生态损害赔偿的主要理论有公共物品理论、外部性理论。

一、公共物品理论

公共物品理论是经济学理论的研究热点，也是导致市场失灵的根源之一。海洋生态产品都是公共产品，在"看不见的手"——私有产权自由市场上无法得到有效率的交易和提供，必须依靠"看得见的手"——公共产权市场的介入，才能满足社会需求，提高社会总福利。

（一）公共物品的含义

公共物品（public goods）是公共经济学中的一个重要范畴。对公共物品做出严格经济学定义的是美国著名经济学家保罗·萨缪尔森，他认为，纯粹的公共物品是特指的一类产品，每个人消费这类产品不会导致别人对该产品消费的减少。纯粹的公共物品具有两个本质特征：非排他性和消费上的非竞争性。非排他性是指在技术上不易于排斥众多的受益者，或者排他不经济，即不可能阻止不付费者对公共物品的消费。消费上的非竞争性是指一个人对公共物品的消费不会影响其他人从对该公共物品的消费中获得效用。公共物品的两个特性意味着公共物品在消费上是不可分割的，它的需要或消费是公共的或集体的，如果由市场提供，每个消费者都不会自愿掏钱购买，而是等着他人购买而自己顺便享用它所带来的利益，这就是"搭便车"的现象。如果所有社会成员都意图免费搭车，那么最终结果是没人能够享受到公共物品，因为"搭便车"问题会导致公共物品的供给不足。

但是,公共物品并不等同于所有的公共资源。在现实世界中,存在大量的介于公共物品与私人物品之间的物品,称为准公共物品。它们可以分为两类:一类是消费上具有非竞争性,但是可以较容易地做到排他性,如公共桥梁、公共游泳池和公共电影院等,称为俱乐部产品;另一类与俱乐部产品相反,即在消费上具有竞争性,但是却无法有效地排他,如公共渔场、牧场等,这类物品通常被称为共同资源。俱乐部产品容易产生"拥挤"问题,而共同资源容易产生"公用地悲剧"问题。"公用地悲剧"问题表明,如果一种资源无法有效地排他,那么就会导致这种资源的过度使用,最终导致全体成员的利益受损。

(二) 公共物品属性是生态补偿的理论基础

公共物品属性决定了自然资源环境及其所提供的生态系统服务面临供给不足、拥挤和过度使用等问题。生态补偿就是通过相关的制度安排,确定不同类型公共物品的补偿主体是谁,其责任、权利和义务是什么,以调整相关生产关系来激励生态系统服务的供给,限制公共物品的过度使用和解决拥挤问题。在具体实践中,一个关键问题是,不同类型公共物品的哪部分利益或损失需要得到补偿,这是生态补偿政策边界所要解决的问题,也就是所谓的政策作用的范围,这对于实际的政策框架设计至关重要。该问题处理不当,可能会引发生态补偿政策的偏差,甚至导致整个环境保护领域政策的混乱。

1. 纯粹公共物品类型的生态补偿政策边界

海洋资源是重要的公共生态物品,其生态补偿政策所要解决的问题可以分为两个层次。

第一层次,从平等的发展权角度出发。对于沿海地区政府和居民,国家对其自然资源或生态要素利用的法律约束更为严格,这使他们部分地或完全地丧失了与生态系统服务功能其他享受者或受益者平等发展的权利,从而出现由于生态利益的不平衡而产生的经济利益的不平衡,形成事实上的社会不公平。因此,海洋生态补偿政策应该对这种发展权利的丧失进行补偿。这一层次的生态补偿应该是激励沿海政府和居民,使其能够履行其法律责任和义务,以满足其对海洋生态系统服务需求的最低要求，这也是生态补偿的最低标准。在这个领域内，适合用补贴这种激励的方式来促进生态系统服务功能的维护与改善。

第二层次，从人人具有平等的责任角度出发。理论上，海洋生态系统服务的保护者和受益者具有平等的保护生态的责任和义务，但在事实上，由于在环境资源权利的初始界定中，对海洋生态保护的要求更为严格，因此海洋生态系统服务的保护者可能要比其他人付出一些额外的生态保护或建设成本，才能达到这个更高的标准和要求。海洋生态系统服务功能的受益者也应对这些由于保护责任不同而导致的额外生态保护或建设成本给予补偿。就此类问题的补偿主体而言，由于海洋所提供的生态系统服务功能是由全体人民共同享受的，而中央政府是受益者的集体代表，因此中央政府应是海洋生态补偿问题类型中提供补偿的主体；而接受补偿的主体应是提供生态系统服务功能的地方政府、企业法人和社区居民等，因为在提供生态系统服务功能的过程中，除了相关法人和自然人承担其机会成本损失和额外的投入成本外，地方政府也由于发展受限等而承担一定的机会成本损失。

2. 共同资源类型的生态补偿政策边界

海洋生态补偿主要发生在相邻海域之间。一是生态补偿问题。如果按照权利的初始界定或法律要求，沿海地区有义务履行法律责任，促使本海域的水质达到国家要求。对于保护海域生态环境而可能丧失的发展权，提供补偿的主体是沿海地方政府，因为地方政府是受益人群的集体代表；接受补偿的主体是沿海地区提供生态系统服务功能的居民和其他法人等。对于这类生态补偿，公共购买政策和市场交易同等重要，但政策途径的选择取决于具体实施条件的完备程度和利益主体的意愿。无论选择哪种政策，上级政府的协调作用都是至关重要的，特别是为利益主体沿着科斯路径达成补偿协议而搭建工作平台的作用。二是污染赔偿问题。当沿海地区没有履行其责任或义务而对本海域造成污染时，应对这种污染负责，赔偿损失。在这类污染赔偿中，提供赔偿的主体应是产生污染的地方政府或污染企业，接受赔偿的主体应是因污染遭受损失的地方政府、其他法人和沿海居民等。这是沿海地区污染赔偿政策所要解决的主要问题。

海洋资源所有权虽属国家，但它所提供的产品和服务多数是全民共有的。而它的公共物品属性决定了其面临供给不足、拥挤和过度使用等问题，生态补偿就是通过相关制度安排，调整相关生产关系来激励海洋生态系统服务的供给，限制共同资源的过度使用并解决拥挤问题，从而促进海洋生态环境的保护。公共物品理论可以解决生态补偿过程中补偿的主体是谁，其权利、责任和义务是什么的问题，从而确定相应的政策途径。

二、外部性理论

外部性理论是生态经济学和环境经济学的基础理论之一，也是生态环境经济政策的重要理论根据。环境资源的生产消费过程中产生的外部性主要反映在两个方面：一是资源开发造成生态系统服务受损所形成的外部成本，二是因保护生态系统服务所产生的外部效益。这些成本或效益没有在生产或经营活动中得到很好的体现，从而导致破坏生态环境没有得到应有的惩罚，保护生态环境产生的效益被他人无偿使用，使生态环境保护领域难以达到帕累托最优。

（一）外部性理论的定义

经济学家对外部性的定义有两类：一类是从外部性的产生主体角度来定义，如萨缪尔森和诺德豪斯的定义："外部性是指那些生产或消费对其他团体强征了不可补偿的成本或给予了无须补偿收益的情形。"另一类是从外部性的接受主体来定义，如道格拉斯·诺斯认为："个人收益或成本与社会收益或成本之间的差异，意味着有第三方或者更多方在没有他们许可的情况下获得或者承受一些收益或者成本，这就是外部性。"这两种不同的定义在本质上其实是一致的，即外部性是某个经济主体在生产或消费中对另一个经济主体产生的一种外部影响，而这种外部影响又不能通过市场价格进行买卖，因此施加这种影响的经济主体没有为此付出代价或得到好处。

（二）外部性理论是制定海洋生态补偿政策手段的依据

无论是纯粹的公共物品，还是俱乐部产品或共同资源，它们共同的问题是在供给和消费过程中产生的外部性，这是生态补偿所要解决的核心问题。根据萨缪尔森的解释，外部性是指对他人产生有利的或不利的影响，但不需要他人对此支付报酬或进行补偿的活动。当私人成本或收益不等于社会成本或收益时，就会产生外部性。外部性分为外部经济性和外部不经济性。外部经济性是指某一经济主体的经济活动使另一经济主体获益，但未得到相应的补偿，如某人种植了一片薰衣草地，使经过的路人得到美的享受，但他却未从中收取门票费。外部不经济性正好与之相反，指某一经济主体的经济活动使另一经济主体的利益受损，但未支付相应的费用，如污水厂排放的污水影响了下游娱乐场的生意。

只有社会边际成本与私人边际收益相等时，才能实现资源配置的帕累托最优。然而，在现实中，由于外部性的存在，往往很难实现帕累托最优，因此需要将外部性内部化。而对于内部化问题，经济学界有两种截然不同的路径选择：庇古税路径和科斯的产权路径。庇古税是通过收税、补贴等经济手段使外部性内部化。但是按照这一理论，生态补偿问题应当完全由政府通过征收环境税来解决，这否定了市场机制应发挥的作用。与庇古税相比，科斯的产权理论强调如果交易成本为零，无论产权如何界定，都可以通过市场交易和自愿协商，达到资源的最优配置。如果交易成本不为零，资源的最有效配置就需要通过一定的制度安排与选择来实现。科斯定理说明，政府干预不是治理市场失灵的唯一办法，在一定条件下，解决外部性问题可以用市场交易或自愿协商的方式来代替庇古税手段，政府的责任是界定和保护产权。

庇古理论和科斯理论对于生态补偿具有很强的政策含义。在实际选择生态补偿政策路径时，不同的政策途径具有不同的适用条件和范围，要根据生态补偿问题所涉及的公共物品的具体属性及产权的明晰程度来进行细分。

1. 采用庇古税途径

若政府调节的边际交易费用低于自愿协商的边际交易费用，则采用庇古税途径，通过向生态功能的受益者和破坏者征收环境税来解决补偿问题。对于纯公共物品而言，由于生态系统服务具有无形性、流动性、受益范围广泛性等特点，其产权界定和产权保护成本很高，而且受益者往往会隐瞒自己的真实需求，因此经营主体与众多的受益者进行直接的磋商而达成交易的可能性极小，此时科斯定理失效，政府干预是必要的，如一些国家征收的环境税、碳税，我国目前的排污收费、资源税等。

但应用庇古税方案的前提条件是生态系统服务的作用范围及受益程度难以准确界定，即使受益范围能够明确界定，也会由于不同的受益者所处社会经济条件不同，而对同样的生态系统服务形成不同的效用评价，因此难以准确计量生态环境外部效用的大小。

2. 采用科斯途径

若政府调节的边际交易费用高于自愿协商的边际交易费用，则采用科斯途径，通过生态系统服务的受益者和破坏者自愿协商及市场交易来解决补偿问题。科斯定理在生态补偿实践中得到大量应用，一些国家通过明晰自然资源的产权，如森林资源、渔业资源的私有化，促进了这些资源的可持续利用，取得了良好效果。此外，许多国家对科斯定理做了变通创新，创立了排污权交易制度，对于遏制环境污染效果显著。

但科斯定理的成立也是有一定假设条件的：①产权必须是明确的，而不管初始产权如何配置；②谈判的费用（交易成本）要较低或为零；③外部性影响涉及的范围较小。但在生态补偿实践中，完全满足这些条件是比较困难的：第一，现实中的产权定义在理论上是明晰的，而在实践中却常常是不明确的；第二，受自利行为的影响，谈判某一方为争取自己利润份额的最大化或增加谈判的筹码，往往会设置一些障碍，增加了交易成本；第三，生态系统服务的生产供给往往涉及众多当事方，有些甚至是跨国的。因此，科斯定理在生态系统服务补偿的实践活动中并非完全奏效。换句话说，当交易谈判涉及的当事人较少，市场交易费用小于政府干预成本时，外部性可以通过明确界定、保护产权及市场的自愿交易来解决，这时市场机制比政府干预的效率更高。

3. 两种途径均可

若政府调节的边际交易费用等于自愿协商的边际交易费用，则两种途径具有等价性。

海洋资源开发和利用的过程中会出现外部不经济性现象，主要是因为大部分海洋资源（包括沿海水域、珊瑚礁、红树林、滩涂湿地、迁徙的鸟类、洄游的鱼类等）属于公共物品，这些资源不为任何特定的个人所有，且能为任何人享用，它们的消费具有非竞争性和非排他性，即某一用户对这些海洋资源的利用不能阻止其他任何用户免费使用该种资源。例如，单个养殖户为了追求自身利益而在海岸带地区开辟大量的人工鱼塘或虾塘，这样就会造成浅海水域、红树林和其他生物被占用，导致其他海洋物种再生能力下降，生物多样性减少。这就会给海洋经济乃至国民经济带来不利的影响。

现阶段，我国市场化程度不高，且公共物品的产权难以清晰界定或者界定成本较高，所以运用科斯定理存在一定的局限性。庇古税和科斯交易成本理论对于海洋生态补偿具有很强的政策含义，在实际的海洋生态补偿政策途径选择中，不同的政策途径具有不同的适用条件和范围，要根据海洋生态补偿问题所涉及公共物品的具体属性及产权的明细程度来进行细分。

第二节　海洋溢油生态损害赔偿的原则与对象

党的十八大独立成章提出"大力推进生态文明建设"，要求"把生态文明建设放在突出地位，融入经济建设、政治建设、文化建设、社会建设各方面和全过程，努力建设美丽中国，实现中华民族永续发展"。在加强生态文明制度建设的论述中，强调了保护生态环境必须依靠制度，并且明确要求健全生态环境保护责任追究制度和环境损害赔偿制度。通过对海洋生态赔偿理论和实践的总结和探索，在设立正确的赔偿原则和目标基础上，构建基本的程序、步骤，理顺海洋溢油生态损害赔偿中的管理流程和管理主体及其职责，同时重点探讨确定赔偿过程中必须解决且具有普遍性的管理技术问题，对于建立海洋溢油生态损害赔偿管理模式具有重要意义。

一、海洋溢油生态损害赔偿的基本原则

（一）充分赔偿原则

赔偿范围应当涵盖受到损害的海洋生态系统的空间和时间尺度。赔偿的目的应是将受损的生态系统恢复到损害发生前的水平，因此赔偿的充分性基础就在于科学地评估海洋溢油生态损害范围及其程度。赔偿应以实际可执行的恢复性活动为计量基础，科学化、货币化估算全部恢复

所需要的人力、智力、物资的费用，以保障赔偿目的和恢复效果。

（二）及时性原则

海洋溢油是动态过程，受损空间尺度和程度随时间变化，损失的确定依据随时间也在发生变化。因此，管理流程的设计必须考虑海洋溢油事件的发展速度，设置简洁明快和行之有效的管理环节，保障海洋溢油赔偿程序执行的连续性，保障科学评估的及时性、准确性，不被管理环节所耽搁，保障索赔的证据不因管理环节的拖沓而灭失，同时为赔偿的交涉争取更多的准备时间和回旋余地。

（三）科学性原则

生态损害赔偿的科学性集中体现在生态损害评估环节。海洋生态系统的结构和功能损失的确定多通过相关模型估算进行，赔偿的货币化技术也因为对生态系统结构功能的理解差异而大相径庭。在保障生态系统得到充分赔偿的目的下，一方面，评估要严格依据科学的过程和标准；另一方面，科学工具的选择要有目的性，要结合所采取赔偿方式认可的赔偿范围来选择合理的科学评估工具，在保障赔偿科学性的同时，最大限度地争取受损生态系统的恢复赔偿。

（四）可操作性原则

海洋溢油生态损害赔偿管理活动的权利、责任应当与管理机构的职责和能力相适应。在赔偿管理主体的机构职能基础上规定赔偿管理的程序与职责，同时须将行政管理程序、职责与法律程序和市场化运行机制有机联系，使海洋溢油赔偿管理形成较为完整、全面的可操作链条，避免所涉行政、法律和市场运作程序的冲突。

（五）前瞻性原则

由于我国海洋溢油生态赔偿刚刚起步，各方面的管理保障措施有待完善，因此赔偿管理模式的设计应具有一定的前瞻性，能够顺应我国政治体制改革和生态赔偿科学技术发展的趋势。赔偿管理模式的设计，一方面是将现有政策和国家长远规划结合考虑，同时借鉴国内外优秀的实践经验，对赔偿管理职能和程序进行弹性规划；另一方面应将现有的石油生产、污染防治、评估、修复等相关科学技术和可预见的新科技综合考虑，使管理模式在一定时期内能够适应和包容新情况与新科技的发展，做到与时俱进。

二、我国海洋石油勘探开发溢油生态损害赔偿主客体分析

（一）海洋石油勘探开发溢油责任主体间的责任划分现状

海洋石油开发技术复杂、所需资金庞大、风险极高，通常由多个开发者合作完成，其中有的开发者同时也是作业者。依据该行业的惯例，一般地，油污损害赔偿基本上由开发合作各方根据权益比例分担。但在具体的经济活动中，这一比例是作业者和非作业合作开发者的博弈结果。

现代海洋石油勘探开发作业分工细密、专业化程度很高，如果没有专门的平台为所有者和服务者提供配套服务，油气勘探开发将很难展开。然而，一旦发生溢油等重大事故，各方通常会互相推卸责任。作业者通常声称，溢油事故发生的原因在于平台所有者负责的安全设备等设施的失灵，又或者归咎于服务者的过失。平台所有者通常声称，依行业惯例——租赁合同中的免责条款，作业者应独自承担海洋溢油事故引发的费用，并补偿由此给平台所有者造成的损失。服务者则通常试图根据合同中的约定，规避或限定自己的责任。

事实上，业内长期实践和博弈的结果是，平台所有者对于"水下事故"不承担责任，只对钻井平台所在水面以上的损害负责；服务者负责的范围也仅限于合同约定的服务项目；因为基于"责任与控制能力相对应"原则，作业者最便于采取水下的防范措施，对水下具有相当的控制能力，自然应该承担水下事故的风险和责任；而平台所有者和服务者理应负责其可控的设施和服务项目。当然，双方也可以约定作业者或平台所有人应对其导致的损害承担全部责任，无论源自水上还是水

下。但是，诸如此类的免责条款不可以违背公共秩序和法律原则，可归责的一方不可以以此逃避责任或躲避第三方的索赔，否则免责条款会被认定为无效。

（二）海洋石油勘探开发溢油责任主体间的责任划分探索

1. 利益平衡原则

海洋石油勘探开发行业是资金技术密集的高尖端产业，又在海上作业，具有国际性，所涉利益关系非常复杂。海洋钻井平台油污损害赔偿涉及平等作业主体经济利益关系、海洋环境整体利益和生态利益相关社会关系、不同国家利益关系，在保护海洋环境的要求不断提高和鼓励促进海洋石油勘探开发的大背景下，应以平衡海洋油气产业和海洋环境及相关产业利益为最高任务，通过政策上的取舍，对利益斗争做出规范，确定平台油污损害赔偿责任主体。

2. 利益对等原则

利益与风险总是对等的，风险意味着产生损害时需要承担的责任。海洋石油勘探开发行业是高风险、高投入的行业，但同时也是高利润的行业。在确定海洋钻井平台油污损害赔偿的责任主体时，需要充分结合海洋石油作业的开发者、作业者及海洋钻井平台的所有者、服务者在海洋石油勘探开发活动中可能获得的实际和潜在的利益。从这方面来说，开发者作为在海洋石油勘探开发活动中的最大利益方，无疑应负有最多的海洋钻井平台油污损害赔偿责任；现今海上石油勘探开发技术难度高，作业者在勘探开发活动中的作用举足轻重，通常分割开发成果中很大一部分，所以承担的平台油污损害赔偿也要与此相当；而钻井平台的所有者和服务者负有与其享有利益同等程度的平台油污损害赔偿责任。此外，还可以尝试在法理上，从侵权法中受益者补偿的角度来解释这一考量。

3. 控制力原则

基于"责任与控制能力相对应"原则，海洋钻井平台油污损害赔偿责任的承担需要与主体的控制力相适应，即责任主体只对其可以控制范围内的油污损害承担赔偿责任。一般地，海洋石油作业的开发者对钻井平台作业负有监管义务，其应依法定期对钻井平台的作业进行检查、纠正，并对开发作业进行宏观指导，但其对平台的控制只是被动的，加上信息不对等的影响，从控制力方面来说，开发者仅应负部分责任；海洋钻井平台的作业者是实际操控平台进行勘探开发作业的实体，其对平台作业具有绝对的控制能力，理应赔偿平台造成的油污损害，尤其是对于平台油污损害主要来源海底的溢油损害；海洋钻井平台的所有者、服务者可以控制的部分是其在海洋石油勘探开发过程中提供的相关服务产品及内容，依其服务的质量及与平台油污损害的因果关系确定其相关责任。

（三）海洋石油勘探开发溢油生态损害赔偿主体认定

根据《海洋石油勘探开发环境保护管理条例》第二十四条和第二十六条的规定，海洋钻井平台造成油污损害赔偿的责任主体是"发生污染事故的企业、事业单位、作业者"。第三十条规定，"作业者是指实施海洋石油勘探开发作业的实体"。可见，在该条例下，海洋钻井平台造成的油污损害应由平台的作业者负责赔偿。根据《对外合作开采海洋石油资源条例》第二十二条的规定，"作业者和承包者在实施石油作业中负有防止环境污染和损害的义务"。他们如果造成海洋环境污染损害，就应当承担相应的赔偿责任，成为责任主体。可见，作业者和承包者在实施作业的过程中有保护海洋环境的义务，一旦造成海洋环境污染损害，他们应当承担相应的赔偿责任。但是，作业者和承包者在实施作业过程中造成海洋环境侵权，责任如何分担，如是否承担连带责任等问题，有待立法者进一步做出明确规定。

（四）海洋生态损害赔偿客体认定

根据《海洋环境保护法》第五条的规定，国家海洋行政主管部门负责防治海洋工程建设和海洋倾倒废弃物对海洋环境污染的环境保护工作。同时，海洋生物资源和环境资源属于全体国民所有，国家海洋行政主管部门代表国家对海洋环境行使保护和管理职能。2013年7月出台的《国家海洋局主要职责内设机构和人员编制规定》明确了国家海洋局负责组织开展海洋生态环境保护工作，承担海洋生态损害的国家索赔工作的职责。因此，在法律法规层面上，国家海洋局作为海洋溢油生态损害赔偿的客体，代表国家向责任方进行海洋生态损害索赔并接受赔偿是确定的。国家海洋局就是海洋溢油生态损害赔偿的客体。

第三节　海洋溢油生态损害赔偿模式

针对海洋溢油生态损害赔偿工作，国际上已经建立了一套相对完善的海洋溢油生态损害赔偿模式。由于国际海洋溢油生态损害模式的社会制度基础与我国社会制度有所差异，因此需要探索建立适合我国社会制度的海洋溢油生态损害赔偿模式。

一、国际海洋溢油生态损害赔偿模式

国际海洋溢油生态损害赔偿模式有法律诉讼、基金保险、行政协调等，具体如下。

（一）法律诉讼

对于海洋石油勘探开发溢油造成的生态损害，可以依据《中华人民共和国民法典》《中华人民共和国海洋环境保护法》《海洋石油勘探开发环境保护管理条例》和《对外合作开采海洋石油资源条例》对相关责任方提起诉讼。

对于海上船舶溢油造成的生态损害，目前我国可依据的国际公约主要有《1969年国际油污损害民事责任公约》《1969年国际油污损害民事责任公约的1992年议定书》《1992年设立国际油污损害赔偿基金国际公约》《2001年国际燃油污染损害民事责任公约》。国内法体系主要有《中华人民共和国民法典》《中华人民共和国海洋环境保护法》《中华人民共和国海商法》等。在实践中争议较大的是国内船舶油污损害赔偿的法律适用问题。一种观点认为《1969年国际油污损害民事责任公约》和《1969年国际油污损害民事责任公约的1992年议定书》可以适用于国内船舶油污损害赔偿案件，也就是适用国际公约；一种观点认为适用国内法。

（二）基金保险

对于船舶溢油造成的海洋生态损害，2012年我国颁布了《船舶油污损害赔偿基金征收和使用管理办法》，船舶油污损害赔偿基金制度适用于在我国管辖水域内接收中国籍油轮和其他水上运输工具运输的持久性油类的货主及其代理商，以及船舶油污损害赔偿基金的征收、使用、管理、监督部门和单位。在船舶发生油污事故后，凡符合赔偿或者补偿条件的单位和个人，可向船舶油污损害赔偿基金管理委员会秘书处提出书面索赔申请。

该基金对同一事故的赔偿或补偿范围包括：①为减少油污损害而采取的应急处置费用；②控制或清除污染所产生的费用；③对渔业、旅游业等造成的直接经济损失；④已采取的恢复海洋生态和天然渔业资源等措施所产生的费用；⑤船舶油污损害赔偿基金管理委员会实施监视监测发生的费用；⑥经国务院批准的其他费用。其中，该基金已明确了对海洋生态恢复措施产生的费用进行补偿。但是，船舶油污损害赔偿基金对任一船舶油污事故的赔偿或补偿金额不超过3000万元人民币。

对于海上石油勘探开发造成的油污损害，我国没有建立油污赔偿基金，不存在石油行业对赔偿责任的分担机制，油污损害赔偿责任由航运业独自承担，目前无法通过基金途径进行海洋生态损害索赔。

（三）行政协调手段

行政协调手段，是指依照法律法规的规定行使监督管理权的行政机关，以解决侵权纠纷为目的，以自愿为原则，通过调解，促成当事人达成协议，消除纠纷的活动。行政机关的调解权来源于法律法规和授权，调解应当依据有关法律法规的规定进行，调解的主要程序包括受理、调解和处理。行政机关拥有专门人才、技术手段、信息资源，熟悉相关的法律法规和情况，具有较快地查明事实、做出妥善处理的条件和能力。行政处理有利于纠纷被及时、公正地解决，有利于生态环境获得更大程度的救济，当事人还可以节省诉讼经费，也有利于行政机关了解有关情况和事态，为加强监督管理工作提供依据。因此，许多国家都把行政处理作为解决溢油事故赔偿的一种重要方式。《海洋环境保护法》和《环境保护法》等法律法规在解决环境损害纠纷方面，虽然不实行"行政处理在先"原则，但都把行政处理方式作为当事人的首选，写在"向人民法院起诉"之前，表明了国家提倡行政处理的立法倾向。当然，行政途径也有其局限性，可能有结果，也可能没有结果；当事人可能接受处理，也可能不接受。所以行政处理也不一定是最终的可实施的解决方案。

然而行政手段的优势是不可低估的。无论是行政效率、可用资源、时效性，还是灵活度，相比诉讼和保险过程中漫长的争执和复杂的程序，行政手段主导下的协调活动都有着一定的优势。

（1）行政高效。相比西方式的民主，中国的民主集中制在很多独立而重大的事件中能够发挥更大的力量。中国的行政体制较为集中，自上而下的行政方式贯穿整个行政体制，长期以来占据主流。对于重大海洋溢油事故的处理，依据法律法规，国家或被授权的行政部门成为海洋生态索赔的主体。自上而下的关注，对以行政手段协商解决生态索赔是一股强大的推动力。政府机构索赔的目标一旦确定，执行方面将不会受到太大的阻碍。同时，行政权力的影响对事故责任方有着特殊的意义，往往使行政主管部门在协商中占据主导地位。

（2）资源集中。海上溢油的应急、处理、评估、索赔等环节需要投入大量的人力和物力。面对较为严重的溢油事故，是否启动应急预案是由法定的主管部门决定的。溢油的应急处理所需要的人力、物力和智力资源，只有相关行政部门通过行政手段才有权力和能力调集。同时，行政部门与科研机构的合作由来已久，通过行政手段能够在最短时间内集中最急需的智力资源，在短期内出具具有科学性和权威性的评估结论。以上行政手段所进行的活动最终都将成为协商索赔的筹码，并且同样起到占据协商主导权的作用。

（3）弹性灵活。通过对比"塔斯曼海"号船舶溢油事件和"蓬莱19-3"石油平台溢油事故，可以发现法律所认可的赔偿范围限制较多，而通过行政手段协商获得的赔偿范围要更广泛。"塔斯曼海"一案，天津海事法院一审判决认可了天津市海洋局主张的海洋环境容量损失和调查、监测评估费用及其生物修复研究经费，但生物资源的恢复费用没有得到法律的认可；而在"蓬莱19-3"事故协商的结果中，责任

121

方的赔偿范围不仅包括了海洋环境容量损失，还包括了海洋生态服务功能损失、海洋生境修复、海洋生物种群恢复费用。这样的结果在科学合理的前提下，有效避开了诉讼所带来的限制，使受损海洋生态有望得到更大规模和强度的恢复。另外，对于责任方而言，避开繁复的诉讼过程能够减少大笔的诉讼费用、人力资源，并减轻道德压力。因此，行政手段对于责任方也不失为一种降低成本、减少麻烦的处理方式。

谈判协商能够使双方的利益关切得到充分的博弈，达成的赔偿协议是双方都能接受的结果，避免了漫长的法律诉讼和争论所耗费大量的人力、物力和财力，保障了受损生态系统的修复行动能尽早实施。谈判赔偿客体应以科学的损害评估结论为依据，设定明确的谈判目标和底线，分析赔偿主体的情况，同时也需要考虑生态环境修复需求与行业发展的正当性的平衡。在保障海洋生态损害获得充分赔偿的前提下，达成赔偿协议是有利于赔偿有效而快速落实，有利于节约行政成本的较好选择。

综上所述，在我国目前没有建立油污赔偿基金的背景下，能够适用于我国海上石油勘探开发溢油生态损害赔偿的索赔模式只有两种：法律诉讼和行政协调。

二、我国海洋石油勘探开发溢油赔偿模式的选择

（一）社会稳定角度分析

1. 群体诉讼易诱发群体性事件

海上石油勘探开发造成的重大溢油事故往往污染面积广，牵涉到的生态损害范围有可能跨越行政区且涉及众多利益相关人员，如"蓬莱19-3"油田溢油事故涉及渤海80多个县，成千上万的渔民。在这种情况下，当事人的数量会很庞大，分布也广泛。如果一部分人提起法律诉讼，其他具有类似或关联性损失的群众可能会一拥而上，产生大规模的群体性诉讼，诉讼局面可能失控。法院会因疲于应对蜂拥而来的群体性诉讼而降低工作效率，且类似赔偿诉讼一般耗时长久，无法在短时间内给予充分的补偿，有可能诱发群体性事件。不明真相的群众甚至可能被敌对势力利用，成为社会不稳定因素。

2．诉讼效果不尽乐观

一旦进入诉讼程序，案件将存在取证难和污染损害评估证据认定难等问题。相应的事故责任方出于对自己的保护，尤其是外资方，会组织庞大的律师团队进行抗辩，造成诉讼旷日持久，不仅难以有好的社会效果和法律效果，还可能引发群体性维稳问题。因此，诉讼途径，尤其是对于大型溢油事故，不适宜作为生态及其他民事索赔的最佳选择。

（二）索赔效率角度分析

1．行政协调案例经验

近年来，我国处置群体性重大事故的案例有 2005 年松花江污染事故和 2008 年中国奶制品污染事件。这两个群体性重大事故的索赔都是通过行政协调的途径处理的。司法手段相对行政协调方式，手段单一、程序复杂，而且在群体性重大事故的处理上，法院逐案审理远不如行政一揽子协调处理来得高效务实。

2．群体性诉讼制度不完善

目前我国正处于社会转型时期，群体性纠纷频繁爆发、纷繁复杂。我国的群体性诉讼法律制度还不健全，环境损害评估的法律法规也不完善。《中华人民共和国民事诉讼法》及其司法解释对代表人诉讼制度规定过于原则化，《中华人民共和国民事诉讼法》中关于群体性诉讼只有简单的两个条文。粗疏的规定导致司法实践中缺乏可操作的具体标准，大大减损了代表人诉讼制度的功能，在适用上困难重重。

3．行政协调具有效率优势

行政协调的主体包括具有管辖权的行政管理机构代表和事故责任方，参与主体的规模要比群体性诉讼缩减很多，这种集中式的问题协调处理方式，有助于把协调焦点、资源和精力集中在重要的议题上，从而能够更高效地对生态赔偿的关键性问题进行协商讨论，较为快速地得出结论并展开实际行动。因此，在大规模溢油后可能发生群体性诉讼的情况下，行政协调的索赔方式在效率方面要优于诉讼途径。

（三）涉外因素角度分析

鉴于我国科技的实际情况，我国海上石油勘探开发，尤其是深海领域，多有外国作业者或服务者的参与。因此大型溢油事故很可能具有国际因素。比如"蓬莱 19 – 3"涉及中美关系。从国外处理重大污染事故的做法来看，大多数重大群体性事故索赔及环境污染公益性质的赔偿都是通过不同国家的政府相互协调解决的。美国 2010 年墨西哥湾钻井平台漏油事故所引起的环境污染赔偿也主要是由美英两国政府协调处置的。为有效规避诉讼途径可能产生的取证、损失额评估困难等法律风险，以及为有效防止西方舆论对我国借机恶意炒作，损害我国形象，因此通过行政协调的方式解决更为适宜。

（四）法规理解角度分析

对于海洋生态环境损害赔偿，依照我国《海洋环境保护法》第八十九条的规定，由"行使海洋环境监督管理权的部门代表国家对责任者提出损害赔偿要求"。国家海洋行政主管部门可直接向溢油事故责任者提出生态损害赔偿要求。因此，行政机关依法向责任者提出赔偿要求应是首选行动，直接进入诉讼索赔程序在某种程度上是舍近求远。

三、海洋溢油生态损害赔偿形式

一般民事责任赔偿的形式主要包括支付赔偿金、返还财产和恢复原状。

（1）支付赔偿金，就是以支付货币的形式，在计算或者估算损害程度后，给予受害者适当数量的赔偿金。支付赔偿金是赔偿的主要方式，也就是说，在一般情况下，赔偿都通过支付赔偿金的方式进行。支付赔偿金最大的优点是具有很强的适应性，几乎各种情况的损害都可以适用，无论是对人身自由、生命健康的损害，抑或是财产的毁损灭失，都可以通过支付赔偿金进行适当的赔偿。支付赔偿金在具体执行上也比较简便易行，一方面可以使客体的赔偿请求迅速得到满足，另一方面也便于赔偿主体进行赔偿。

（2）返还财产，是指赔偿主体将违法占有或者控制的客体所有的财产返还给受害人的一种赔偿方式。

（3）恢复原状，是指赔偿主体将客体受到的损害恢复到损害发生以前的状态。

对于溢油生态损害赔偿而言，首先，生态环境不是财产，不存在违法占有或者控制海洋生态环境的情况，无法适用返还财产的赔偿形式。其次，海洋生态环境一旦遭受破坏，将难以恢复到与先前一致的状态，即使采取修复措施，受损生态系统的结构和功能也只是在新的条件和外界作用下达到了另一种动态平衡，不再是受损前的结构与功能，因此，恢复原状也相对不现实。支付赔偿金则有以下优势：①统一货币化度量，虽不尽准确，但具有较强的操作性；②赔偿金的使用较为灵活，可以用于海洋环境生态的应急、保护和修复等相关行动，可以使生态赔偿发挥最大的综合效益；③对于赔偿主体而言，往往不具备生态修复、清理、环境保护等专业化知识和技能，赔偿金的方式便于赔偿主体快速落实赔偿，有利于各项海洋生态环境修复工程的及时展开。因此，支付赔偿金应是海洋溢油生态赔偿最主要的形式。

四、海洋溢油生态损害赔偿金的使用管理

（一）关于职责分工

对赔偿金的管理，实行职责分工管理。财政部门作为赔偿金使用的主管部门，会同海洋行政主管部门负责赔偿金使用的审批和监督管理工作；海洋行政主管部门应作为赔偿金使用项目的主管部门，负责赔偿金使用项目的审查、管理和监督，并会同财政部门做好地方赔偿金使用的审批和监督管理工作。

（二）关于赔偿金的用途

关于赔偿金的用途，应当规定主要用于海洋环境的修复、保护、监督及宣传教育等。赔偿金的支出范围可以包括：①海洋溢油应急监测、调查、清理活动；②海洋生态修复和保护规划的编制；③相关政策、规定、标准研究；④海洋环境信息系统建设；⑤海域、海岛、海岸带环境修复保护工程；⑥海洋环境监测网络建设；⑦海洋生态环境调查和评估；⑧海洋环境执法手段改进；⑨海洋自然保护区建设；⑩海洋环境应

急指挥系统建设；⑪海洋博物馆建设；⑫公众教育项目等公益性内容。

（三）关于赔偿金的使用管理

赔偿金的使用实行年度预、决算制度。按照预算管理要求，海洋行政主管部门根据赔偿金支出范围编制年度支出预算草案，报财政部门审批。年度终了，海洋行政主管部门应编制年度财务决算，报财政部门。海洋行政主管部门的项目管理费，由财政部门按照国库集中支付规定办理拨付。

赔偿金实行余额结转制度，赔偿金年终资金结余可以结转下年安排使用。赔偿金使用实施年报制度，每年向财政部门报送赔偿金项目进展和资金使用情况。此外，财政部门负责赔偿金使用的管理和监督，定期或不定期地进行检查。对弄虚作假、挪用赔偿金等违法违规问题，依相关法规查处。

（四）关于赔偿金的项目管理

赔偿金专项支出实行项目管理制度。项目申请单位根据经批准的赔偿金支出范围和相关申请通知、要求，提出项目申请，报海洋行政主管部门审查批准。项目申请单位按照实施要求和有关经费使用财政政策，组织项目的实施。海洋行政主管部门定期对项目的实施进行检查，并按照相关要求组织专家对项目进行验收。财政部门可以对项目的实施和经费的使用进行抽查。

五、海洋溢油生态损害赔偿的流程设计

海洋溢油生态损害赔偿流程包括组织应急、定损定责、索赔实施、海洋生态损害赔偿执行、海洋溢油生态损害赔偿金的管理与使用等，具体流程见图 5 – 1。

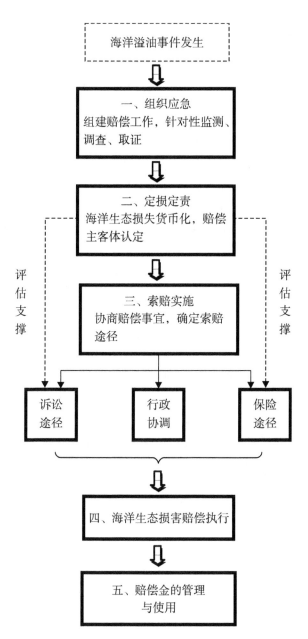

图 5 - 1　海洋溢油生态损害赔偿技术流程

第一步，组织应急。应急阶段主要工作包括智力资源的组织集结和应急监测的开展两方面。首先，在事故发生后，组织相关专业的专家、从业者和海洋行政管理人员组成工作组，快速评估和预测事态的进展。其次，依据专家的集体判断，在进行应急监测的同时，有目的性地开展损害评估所需要的监测，同时部署沿岸地方海洋管理部门做好及时取证和受损信息采集。

第二步，定损定责。在溢油事故得到基本控制后，组织相关专家及技术支撑单位和部门对海洋生态损害进行评估。通过筛选评估方法和模型，同时开展不同方法的损害评估和货币化，比较结果后优选合理评估方案，并召集专家组对方法和结果进行审查及改善。另外，结合前期调查结果，依据我国相关法律法规，初步判断生态赔偿的主客体，并认定其赔偿责任的范围。

第三步，索赔实施。行政主管部门以科学的海洋生态损害货币化评价结论为依据，向海洋溢油责任方正式提出索赔要求，就索赔具体事项与相关各方展开交涉，以确定一个科学、合理、合法的赔偿方式和赔偿金额。在索赔的途径方面，优先考虑通过协商达成生态赔偿协议，另外还可通过法律诉讼予以裁决，或者通过相关保险进行索赔。

第四步，海洋生态损害赔偿执行。赔偿金由索赔方代表国家向责任方收取，所收取的赔偿金的来源、额度及相关的损失调查结果应向社会公示，接受监督。

第五步，赔偿金的管理与使用。制定海洋生态赔偿金管理办法，确保收支两条线。在制订受损海域生态修复规划的基础上，征集海洋生态保护、修复、监测和评估等科技项目，经评审后划拨项目开展经费。依据相关科研项目资金管理法律法规对资金使用进行管理，定期进行赔偿金使用情况公示。

（张景凯　李　月）

第六章　海洋溢油生态损害赔偿补偿管理制度探讨

第一节　完善我国海洋溢油生态损害赔偿制度的必要性分析

　　我国海洋溢油生态损害赔偿的法律依据来自《中华人民共和国海洋环境保护法》第八十九条："对破坏海洋生态、海洋水产资源、海洋保护区，给国家造成重大损失的，由依照本办法规定行使海洋环境监督管理权的部门代表国家对责任者提出损害赔偿要求。"《中华人民共和国海洋环境保护法》虽然在综合性、公益性方面对海洋生态赔偿给出了规范，但在科学技术性方面，显得有些宽泛和模糊。

　　环境法律的科学技术性反映的是对运用综合生态系统管理方法或生态化方法的重视，并应含有许多法定化的技术规范和技术性政策。而当前我国海洋溢油生态损害赔偿面临的情况就是缺乏相应的海洋生态损害评估技术标准、规程、合理开发利用海洋油气资源的操作规程、防治环境污染和破坏的生产工艺技术要求等。这些技术性规范的缺失往往使海洋溢油生态损害赔偿诉求得不到全面的认可，或认可的过程十分艰难，因为缺乏足够的技术性依据来保证损失评估的结论是明确的并且赔偿的要求是与损失相称的、合理的。

　　因此，我国亟待建立一系列与海洋溢油生态损害赔偿相关的，从应急处置、监测、损失评估到应对管理和预防措施的技术性规范。应急处置和监测的规范化有助于第一时间采取合理措施，控制海洋溢油的源头和空间范围，尽量降低损害的程度和范围，也可为日后处置措施费用的索赔提供技术依据。海洋溢油生态损害评估的技术众多，多为评估公式模型，但目前国际比较主流的损害评估方法是直接统计评估法，即按照《1969年国际油污损害民事责任公约》及其1992年议定书规定的方法。因此，技术规程的制定应与国际公约相衔接，尤其是海洋溢油生态损害范围的界定应与公约赔偿范围相衔接，这样有助于科学评估的结论能够被广泛接受，以获得更充分的赔偿。同时，还应制定相应的海洋溢油生态损害赔偿管理办法，明确海洋溢油索赔主体及其职责，以及相应的一系列处理程序，使海洋溢油赔偿管理工作能够依法快速开展，及时给予海洋生态损害应有的救济。

一、健全海洋溢油生态损害赔偿诉讼制度的必要性

海洋溢油生态损害赔偿诉讼是海洋生态环境救济的重要途径之一。海洋溢油生态损害赔偿诉讼制度的完善是建立在完备的法制化建设基础之上的。国内外赔偿诉讼的立法基础不尽相同，不同的国际公约、不同的国家都有其独特的法律体系，包括《1969 年国际油污损害民事责任公约》《1971 年国际油污损害赔偿基金公约》及其议定书，美国有自己的《1990 年油污法》，它们从赔偿的责任主体、免责事由、赔偿范围、赔偿限额、强制保险、实效与管辖权等方面构筑了目前较为普遍的生态赔偿诉讼制度的基础。

我国目前已初步建立起了海洋生态赔偿的法律体系。1978 年，我国将国家保护环境和自然资源、防治污染和其他公害纳入宪法。随后《中华人民共和国海洋环境保护法》《中华人民共和国海域使用管理法》《中华人民共和国海域使用海岛保护与利用法》等一系列法律法规相继出台。20 世纪 80 年代，我国还加入了若干有关海洋资源开发利用、海洋污染防治和海洋生态保护方面的公约。因此，我国海洋生态赔偿的法律基础已基本形成，为海洋生态赔偿诉讼制度的进一步完善提供了重要的法制土壤。

尽管如此，我国现阶段处理海洋环境污染损害赔偿案件的基本法律依据，主要还是《中华人民共和国民法典》中的有关规定和《环境保护法》《海洋环境保护法》及《海商法》中的有关规定。在我国目前还没有系统化的海洋环境污染损害赔偿法律制度的情况下，在处理海洋环境污染损害赔偿纠纷时，散见于各部门法的损害赔偿规定就成为基本的法律依据。总的来说，我国目前的海洋环境污染损害赔偿制度的相关规定包括：①责任主体制度，主要依据《中华人民共和国民事诉讼法》和《中华人民共和国海事特别诉讼法》；②责任要件制度，主要依据

《中华人民共和国民法典》的侵权责任构成要件制度的原则性规定；③责任客体制度，主要依据《海洋环境保护法》及相关行政法规；④损害赔偿范围，主要依据《中华人民共和国民法典》和有关民事赔偿的司法解释等。而作为损害赔偿基本制度组成部分的构成要件制度、因果关系制度、归责原则、举证责任和管辖等基本没有规定。

另外，由于海洋溢油生态损害具有间接性的特点，其侵害大多通过海洋作用于受害人，而非直接作用，因此受传统诉讼主体理论的影响，受害人一般因不具有直接利害关系而无法取得提起损害赔偿诉讼的主体资格，大量的案件会因为司法程序中启动诉讼程序的主体缺位而无法得到及时有效的处理，使国家利益、社会利益经常处于被漠视的境地。此外，海洋溢油生态损害的广泛性导致受害人数众多并带有很大的不确定性。由于海洋环境利益涉及范围广、情况复杂，往往为捕捞养殖、工业生产、交通运输、海上副业等行业所倚重，为众多不特定的利害关系人所开发、利用、受益。因此，一旦海洋环境受到侵害，其波及对象可能是相当地区范围内不特定的多数的人或物。

二、建立海洋溢油生态损害责任保险制度的必要性

《中华人民共和国保险法》第六十五条规定，责任保险是指以被保险人对第三者依法应负的赔偿责任为保险标的保险。海洋生态损害责任保险是以生态损害责任人为被保险人，以其所承担的生态损害赔偿责任为保险对象的责任保险。在国际上，海洋生态损害责任保险目前尚没有成为一种独立的险种，大多是纳入环境责任保险之中。一些环境责任保险部分承保了生态损害，但与生态损害的承保范围不尽相同。

与生态损害责任保险有关的国际条约包括《1969 年国际油污损害民事责任公约》（以下简称《1969 年责任公约》）、《1969 年国际油污损害民事责任公约的 1992 年议定书》（以下简称《1992 年责任公约》），以及《2001 年燃油污染损害民事责任国际公约》（以下简称《2001 年燃油公约》）。《1969 年责任公约》的内容已经触及生态损害赔偿保险的赔付内容；《1992 年责任公约》进一步将赔偿内容从事后防范性措施费用扩展到了恢复性措施费用；《2001 年燃油公约》则扩大了适用对象责任人的范围。生态损害正逐渐引起国际社会的重视，美国、日本、欧

盟等主要国家和地区的环境责任保险中都或多或少地承保了生态损害的内容。

我国在生态损害责任保险方面起步较晚，立法方面尚没有专门规定此类保险的法律，只是在一些部门法及政策性文件中有若干关于环境责任保险的原则性规定。《中华人民共和国海洋环境保护法》《中华人民共和国海洋石油勘探开发环境保护管理条例》的相继出台为我国建立海洋生态损害责任保险制度奠定了法律基础。

实践中，我国环境责任保险市场基本属于空白地带，只是在相关的保险业务，如公众责任保险和第三者责任保险中有所涉及。但是这些责任保险中，环境污染所致的损害一般是被排除在保险赔付外的。例如，中国人民保险公司的《国内公众责任保险条款》、太平洋财产保险股份有限公司的《公众责任保险条款》，以及果园保险经济股份有限公司的《公众责任保险条款》等，均将环境损害的赔付责任排除在外。一方面保险产品空白较大，另一方面国内环境责任险缺乏科学的设计，普遍存在费率高、赔付率很低的问题，国内绝大部分环境责任险赔付率不到10%，远低于国外70%～80%的赔付率，同时国内环境责任险2.2%～8%的费率是其他险种的数倍。

我国环境责任保险制度尚未得到有效建立，环境责任保险的发展还存在诸多制约因素，而在有限的环境责任保险的实践中，生态损害责任往往被排除在保险范围之外，这对于保护我国的生态环境是极为不利的。在我国环境责任保险制度尚未有效建立的国情下，建立全面的生态损害责任保险时机尚不成熟，但是鉴于生态损害的严峻形势，需要考虑生态损害责任保险的问题，或是将其纳入环境责任保险中，或是构建独立的生态损害责任保险。建立和发展海洋生态损害责任保险制度应该有步骤、分领域、有重点地逐步推进，在海洋溢油领域建立这种保险的需求是紧迫的，也是有基础的。

第二节　海洋溢油生态损害赔偿的法律保障

我国海洋溢油生态损害赔偿立法尚存不足，对其完善可谓迫在眉睫。目前，我国可以以"康菲"和"深水地平线"事故为契机，参照美国相关法律的先进规定，从以下三方面加快我国完善立法的脚步，以期早日在司法实践中解决日益严重的海洋生态损害赔偿问题。

一、以全面认知海洋生态损害相关法律概念为基础

在立法前，首先应对海洋生态损害的基本问题有全面认知，形成宏观的立法理念，指引立法。

（一）海洋生态损害的特殊性

海洋生态损害不同于一般的财产损害。后者仅对个体有意义，其赔偿也直接针对特定个体，是个人利益的诉求。而海洋生态损害超越个人利益，关乎人类整体、长远利益，其赔偿不能也不可能针对特定个体，而是面对全人类的诉求。明确了这一点，其索赔主体、责任主体、赔偿范围、评估标准等规定的立法方向就会相对明晰。

（二）责任承担的多样性和单一性

由于我国立法过于分散，在责任承担上会出现混淆的状况。实际上，在海洋溢油生态损害产生时，的确存在多种责任并存的状况，即责任承担具有多样性。例如，行政处罚，是行政责任的承担；我国在《刑法》中也有"污染环境罪"的罪名，是刑事责任的承担。但这两者都是国家行政机关和检察机关对责任方行使的国家公权力，主体双方地位不对等；且前者针对行为本身，后者强调事故的严重性。本书所述的海洋溢油生态损害赔偿，是国家海洋行政监管部门代表国家向责任方寻求量化成数额的赔偿，对责任方是民事责任的承担，双方诉讼地位平等，只不过因为涉及公民整体利益，才由国家提出索赔，而又由于国家的抽象性，才由相关行政机关代表其参与诉讼，此时的行政主体并非在行使公权力，而是在行使一种公益权利。

对海洋生态损害这类特殊、严重的损害，责任承担的多样性可最大限度地起到警示作用，从立法上防患于未然。本书所述海洋生态损害的索赔，既然是"索赔"，不是"公诉"，也不是"处罚"，那么在今后立法中应注意责任承担的单一性，即责任主体面对海洋生态损害索赔仅

承担民事责任，多样性由不同部门法共同呈现。

（三）海洋溢油来源的多样性

导致海洋生态损害的溢油来源有多种，可来自船舶、近岸设施、海上作业设施和海上输油管道。不同溢油源有不同特点，造成损害的程度也有所不同，损害的评估方法、额度等就会存在差异。在司法实践中，如果不加以区分，就会产生很多问题。

以"康菲"事故为例，此次事故在海洋溢油生态索赔上屡屡"触礁"，一是因为立法分散，二是因为我国在基本概念（如钻井平台与船舶的关系）上规定不清。因此，在海洋生态损害立法中应区分对待不同溢油源。

二、完善《中华人民共和国海洋环境保护法》

完善我国海洋生态损害赔偿立法，首先应将散见于各法律法规的相关规定明确打上"海洋生态损害"的标签，补充和明确缺失的部分，建立完整的法律体系。如前文分析，海洋生态损害属于海洋环境损害的一部分，应将海洋生态损害赔偿体系作为《海洋环境保护法》的补充。完善《海洋环境保护法》，要侧重以下四个方面。

（一）界定海洋生态损害的概念并列明赔偿范围

明确界定一个概念是完善其立法的根基，对海洋溢油生态损害这个游离在各法律法规之间的概念尤应如此；而指引索赔人的诉求，同时为给法院认定和判决提供法律依据，规制其赔偿范围也是当务之急。

对概念的界定，可采取概括式定义，伴随列举式规定。本书建议可将"海洋生态损害"界定为：由于人类活动及其他行为，直接或间接将物质或者能量引入海洋，在一定区域内造成海洋生态的失衡、海洋生态系统的破坏。其不同于环境侵权造成的人身伤亡和财产损害，是难以恢复和逆转的，是严重影响海洋功能的运转和发挥，侵害人类整体利益的法律事实，包括海水质量损害，油类、硫化物、有机碳等海洋沉积物环境损害，潮滩环境损害，浮游生物、微生物、大型底栖生物、珍稀濒危生物、国家保护动物等海洋生物损害，红树林、珊瑚礁、海草床等典型生态系损害及海洋生态系统损害等。

对赔偿范围，不妨采取类似方式，在宏观分类的前提下，对各类损害赔偿在立法中列明，同时将子概念以法律名词做解释或司法解释。注意结合立法前对其特殊性的认知，全面予以界定，不仅局限在天然渔业资源的损害赔偿上；同时，可参考美国《1990 年油污法》的相关规定，调整传统的损害赔偿原则，将海洋生态损害的长期性、持续性、潜在性考虑在内，将修复过程中将产生的非实际损害，如观赏价值或者使用价值的丧失和减损，列入赔偿范围，尽管该项损害通过目前的数据统计和评估较难确定，但随着评估技术、法律规定的不断完善，将会合理确定。

（二）　解决索赔主体冲突并明确责任主体

我国法律目前对索赔主体规定明确，即国家海洋行政机关代表国家提起索赔。但为解决多个行政部门间的管辖冲突，本书建议，按照我国行政区域划分，国家海洋行政部门可以通过部门规章将权利分配到各地方相应行政部门，涉及多个行政区域或海洋生态损害极其严重的，由国家海洋行政主管部门即自然资源部提起诉讼。对于天然渔业资源，《中华人民共和国渔业法》已经明确了渔业行政主管部门的监管资格，农业农村部对其污染损害的计算方法的规定也已发布，故天然渔业资源的索赔权利可由渔业行政主管部门代表国家行使，其他海洋生态资源由海洋行政部门行使。

对于责任主体，我国法律用"污染者""作业者"等概念来阐述，为解决司法实践中难以认定的问题，可对不同溢油源即船舶、近岸设施、海上设施和海上输油管道溢油分别规定，并落实到可直接确定的责任主体上，如船舶所有人、钻井平台承包经营人等。

（三）授权《海洋生态损害评估技术导则》并细化评估程序

《海洋生态损害评估技术导则》是借鉴国际先进评估标准制定的，且专门针对海洋溢油生态损害。为弥补其不足，首先，鉴于《海洋生态损害评估技术导则》已经制定并使用，不必再行立法，可参照美国DOI和NOAA规则的做法，在今后立法中明确授权其适用；其次，应针对不同污染程度的海洋溢油事故设计不同的评估程序，可参照DOI规则中的A、B两种程序，对轻微污染事故予以模型化处理，最大限度节省人力、物力、财力，高效评估海洋生态损害。

（四）完善海洋溢油生态损害赔偿基金制度

为填补我国在油污损害赔偿基金制度上的空白，应尽快实施《基金征收和管理办法》，设立船舶油污损害赔偿基金，并结合实践中的问题，逐步对实施办法中规定的索赔范围、受偿顺序、索赔时效等方面存在的缺陷予以弥补，明确对海洋生态损害赔偿的适用，以配合《防治船舶污染海洋环境管理条例》的施行。

在该基金制度运行成熟的基础上，可参考《1990年油污法》相关规定，逐步扩大赔偿基金制度的适用范围，完善近岸设施、海上设施和输油管道油污损害的相关规定；同时，应设立应急专项基金；此外，对油污责任主体设立的赔偿基金应采取托管人制度，由独立机构运作管理，并由第三方监督、审计、提供咨询意见和指导。

三、建立海洋溢油生态损害公益诉讼制度

我国法律目前只给予国家海洋行政监管机关以代表国家参与诉讼的资格，但对海洋生态污染的首要反应往往来自公民或者环保公益组织，却苦于诉讼主体不适格。我国可参考美国公益诉讼的相关规定，逐步建立起在海洋生态损害上的公益诉讼制度，有两种方式：第一，当行政机关不作为或者不方便、来不及作为时，可直接赋予公民和公益组织以诉

讼主体资格；第二，行政机关作为失当的，可由二者对其提起诉讼。

2017年6月27日，第十二届全国人民代表大会常务委员会第二十八次会议审议通过《关于修改〈中华人民共和国民事诉讼法〉和〈中华人民共和国行政诉讼法〉的决定》。新修定的《中华人民共和国民事诉讼法》增加了公益诉讼制度，规定"对污染环境、侵害众多消费者合法权益等损害社会公共利益的行为，有关机关、社会团体可以向人民法院提起诉讼"。

海洋生态损害的严重性日益凸显，法学界对其重视程度不断加深。虽然2014年国家海洋局印发了《海洋生态损害国家损失索赔办法》，但是我国海洋生态损害赔偿立法仍存在以下不足：首先，认知过于片面，对其损害的特殊性质、重大意义尚未予以足够重视；其次，目前立法分散，不能形成完整的损害赔偿体系，司法实践寸步难行；最后，虽有明确规定，但没有法律明确授权，存在适用瑕疵。

针对以上不足，参考美国法的相关规定，为逐步完善我国相关立法提出可行性建议：首先，从宏观上形成我国海洋溢油生态损害的立法理念。其一，要对海洋生态损害的特殊性，即其不同于一般性财产损害，而是关乎人类整体利益的损害有充分认识；其二，要明确对其损害的责任承担是民事责任、行政责任、刑事责任并存；其三，造成海洋生态损害的溢油来源很多，应在立法中加以区分。然后，应当从概念、赔偿范围、索赔主体与责任主体规定之不足，以及既有规则适用瑕疵等方面，有针对性地进行立法，保证其法律体系的完整性。

第三节　海洋溢油生态损害赔偿诉讼制度

一、海洋溢油生态损害赔偿起诉资格

我国海洋溢油生态损害赔偿提起诉讼的主体应当做以下扩张。

1. 与海洋生态损害事实有直接利害关系的公民、法人和其他组织

在提起环境侵权诉讼的同时，该群体也可以作为提起海洋生态损害赔偿的诉讼主体。传统的民事诉讼法理论明确地赋予了与损害事实有直接利害关系的公民、法人和其他组织提起诉讼的权利。也就是说，只要污染事实发生并有损害存在，受到侵害的公民、法人和其他组织便有权

提起诉讼。这一层次的诉讼主体在环境侵权诉讼中应是起诉最积极、最渴望立即寻求司法救济的一个群体。在环境侵权发生后，他们的利益受到了直接的损害，在诉讼中提出加害人污染行为已经发生并给受害人造成损失的初步证据，诉讼请求便可成立，即可成为传统意义的适格当事人启动诉讼程序。

由于这一类诉讼主体对海洋生态损害事实有切身的感受，他们在主张自己人身与财产利益的损害赔偿的同时，也可以要求致害人对海洋生态损害进行赔偿，可以成为海洋生态损害赔偿诉讼的原告。此外，保护海洋生态环境、尽快消除海洋生态危害、恢复海洋生态系统的健全功能是保护受害人合法权益的基础，也是环境法理论和司法实践追求的目标。因此，在海洋环境侵权诉讼中不可避免地要涉及海洋生态损害。两种诉讼一并解决，既有利于理清损害事实，也符合诉讼经济的要求。

在海洋溢油生态损害事故发生后，一般有以下五项损害与当事人有直接的利害关系，一旦造成这些损失，利害关系人即可提起诉讼：①人身损害。在人的生命、身体健康因海洋生态损害事故而受到损害后，受害人可请求对致害人提起赔偿诉讼。②防污、清污中产生的实际支出。包括人力、材料，以及防污、清污中因该劳动直接引起的人身伤害，受害人可请求赔偿。③捕捞业和养殖业的损失。渔业捕捞损失首先指由污染（主要是化学污染）引起当时该区域的鱼虾回避及藻类的繁殖停滞，造成减产而形成的产量损失；其次表现为产值损失，即商业水产品的品质下降及市场供求关系的改变，导致市场价格的下降。养殖业的损失除表现为产值下降外，还表现为再生产条件的恶化。④旅游、饮食服务业的损失。较大规模的化学污染，特别是油污，事实上破坏了旅游环境，使海洋、沙滩失去了诱人的魅力，造成旅游及赖以生存和发展的第三产业的盈利损失。发生在浴场、海上体育场的重大物理性污染也会产生以上相同的损害后果，只要损害发生，就应当予以确认，受害人有权提起诉讼。⑤工业、交通运输业生产损失。工业生产损失通常表现为生产成本提高和产品销售价格下跌。前者诸如设备遭受直接损失、工艺流程增加，后者主要指产品产量、质量下降。交通运输生产的损失主要由物理性污染引起的停航损失或营运不便，受害者可以提起诉讼。

2. 社会一般公众

海洋生态环境是一种公共物品，任何公民都是海洋生态系统服务功能的享有者和保护者。一旦发生了海洋生态损害，每个公民的健康权、财产权和对优良海洋环境的享受等利益都不可避免地受到不同程度的侵害或威胁。在这种情况下，任何公民都可以自己的环境权益受到侵害为由提起诉讼，参与到海洋环境保护的行列中来。例如，在美国"学生诉州际商务委员会"案中，社会公众的适格原告地位得到了确立。在此案中，学生认为美国州际商务委员会关于提高铁路运费的决定会导致可循环利用的物资的能耗量降低，这样一来全国范围内会有更多的废弃物，他们就无法像以往一样愉快地享受游览当地公园的风景。尽管学生声称的因果关系十分勉强，但最高法院经过审理认为，学生们的确有资格对州际商务委员会的行为提起控告。

3. 社会环保团体

环保组织对环境问题十分积极关切，其人才资源往往能在科技与法律问题上提供专业知识与技术。通过社会环保团体的参与，可以对大公司的生产经营行为进行频繁的监督，可以在法律的制定和实施上对抗与制衡大公司，也可以解决单个公民诉讼中出现的诸如信息渠道不畅通、诉讼负担过重等问题。

4. 检察机关

通常情况下，海洋生态损害赔偿的原告面对的是一个庞大的污染企业和有巨大威慑力的行政主体，双方无论是在资金、信息还是组织上都是无法比拟的。这时就非常需要一个国家机关作为代表，以维护社会公益并与污染企业相抗衡。检察机关就是合适的代表。检察机关作为法律的监督机关，是国家利益的最佳代表，具有为社会公益提起民事和行政诉讼的职能。检察机关也应当是海洋生态损害赔偿诉讼的适格原告。针对特定的民事、行政案件提起诉讼，是现代世界绝大多数国家从立法上授予检察机关的一项权利。《罗马尼亚民事诉讼法典》规定，只要出于保护国家或公众利益或保护当事人的权利和合法利益的需要，检察长就可以参加诉讼。美国法律中也赋予检察官在涉及联邦利益的案件时可以享有起诉权。法国新民事诉讼法规定，在法律有专门规定的案件中，检察官作为主要当事人提起诉讼，除上述案件外，在公法秩序受到损害时，其也可以为维护公法秩序而提起诉讼。

二、海洋溢油生态损害因果关系推定

依民事诉讼法所规定的一般举证责任分配原则，当受害人提出损害赔偿请求时，受害人必须就法律所规定的有关请求损害赔偿的要求加以举证，其中包括有关加害行为与损害结果之间存在因果关系的举证。根据马克思主义哲学原理，世界是普遍联系的，联系是事物本身所具有的本质的必然的关系，任何现象的出现都不是孤立的而一定有其产生的原因。在探讨具体事物之间的关系时，必须把它们从普遍的联系中抽出来，孤立地考察它们，在这里，不断更替的运动就显现出来，一个为原因，一个为结果。将该哲学原理导入法律，意味着只有当行为人的行为与损害结果之间存在客观、必然的联系时才具有法律上的证明力，若行为与结果之间是外在、偶然的联系，则不认为存在因果关系。这实际就是传统民法理论强调的损害行为与损害结果之间存在客观、必然的因果关系。

但在海洋生态损害赔偿诉讼中，损害行为与损害结果之间的因果关系认定是相当困难的。其原因如下：第一，海洋生态损害发生的原因较为复杂。造成损害的原因复杂多样，同一危害后果可能不是由某个单一的加害行为而是由若干行为共同引起的，这对于个体来说很难确定危害结果发生的因素。此外，污染物辗转进入海洋生态系统而发生诸如毒理与病理转化、扩散、吸收等物理、化学或生物反应的过程复杂，在认定时易致偏差。况且根据现有的科技水平，难以对有害物质的影响方式及其危害性有一个正确而全面的认识，某物质今天未发现是有害的，明天可能就被测定为有害物质。第二，海洋生态损害后果发生的长期性和反复性。污染物由厂矿企业进入海洋环境后，它们之间，以及与各环境要素发生物理、化学和生物的反应，通常使致害行为的实施与损害结果的发生在时间上间隔较长，在空间上相隔遥远，因果关系表现得十分隐蔽和不紧密。但是这种潜伏一旦爆发，势必在各种生物体上反复出现，危害相当大。第三，海洋生态损害查证的艰巨性。由于大多数海洋生态损害的潜伏期较长，一旦发生损害，往往因历时久远、证据灭失而使因果关系的证明相当困难。一方面需要查找众多可能致害的原因，另一方面需要对众多的原因进行排查，以确定因果关系。这就需要相关的科技知识和仪器设备，而目前环保、司法部们在相关方面存在一定的局限性。

但法律上的因果关系不是演绎式地推导出某个公式，获得某个法则，而是为了一定目的，解决一定的问题，客观、公正地确定责任的归属和责任的范围。若以哲学上之因果联系代替法律上之因果关系，在司法实践中必然造成许多无辜受害人得不到法律保护，从而违反法律基本精神和社会公平正义观念。针对这些情况，国外采取因果关系推定原则，即因果关系存在与否的举证，尤需以严格的科学方法作为依据，只要达到一定可能性程度即可推定损害行为与损害结果之间具有因果关系，若损害人否认，则应证明其排污行为与损害后果之间不存在因果关系。此外，先后创立了优势证据说、事实推定说、疫学因果关系说、间接反证说等学说，旨在减轻原告的举证负担，加重被告的举证责任，从而提高原告请求损害赔偿的成功率。这些因果关系理论虽然发端于环境侵权诉讼领域，但对于海洋生态损害赔偿诉讼中的复杂因果关系证明，也同样具有适用价值。

（1）优势证据说。其主张"与刑事案件相比，民事案件关注原告或被告胜诉赔偿的问题，判断双方当事人中何方的主张为真实，从数学角度看，只要有超过50%的盖然性，即可做出结论"。从常识来看，只要达到可以判断为有因果关系的程度，即使没有严密的证明，也可认定有因果关系。若看似有因果关系而实际上并未如此，对方可就其主张加以证明。故原告方只需证明因果关系存在的盖然性大于不存在的盖然性，便可认定两者之间存在因果关系，损害人因此需承担赔偿责任。

（2）事实推定说。优势证据说虽减轻了原告方的举证责任，但因双方的地位可能不对称，原告方可能仍处不利，为此学者提出事实推定说。该说主张原告只需使法官有比一般情形的要求更低的盖然性因果关系程度的推定，即可认定有因果关系。若被告否认，则应证明因果关系不存在，否则难辞其咎。故原告只需证明工厂所排放的污染物质到达危害发生地而发生作用，且该地有多起类似损害发生，法院便可认定因果关系存在，除非被告能否认其存在。

（3）疫学因果关系说。鉴于环境侵害行为大多可对身体健康造成损害，有学者提出通过病因学的方法来证明，即就疫学可能涉及的因素，利用数量统计方法，调查各因素与疾病之间的关系，选择其中相关性较大的因素做综合研究，从而判断其与结果之间有无关系。尽管依该说所得出的结论并非完全正确，但在出现于多数人中的普遍现象时作为理论性推定是较有说服力的，且其有具体的标准供法官掌握，较之前面各说更具科学性而得到认可，并为司法实践所采信。

（4）间接反证说。该说认为，由于环境侵害的关联因素较多，如果原告能证明其中的部分关联事实，其余部分的事实则被推定为存在，而由被告反证其不存在，以实现公平、正义的法律理念。事实上，该说是将构成因果关系的事实作为复合的要件事实加以把握，分别认定。这种方法在日本新湄水俣病诉讼案中首次运用，后在日本富山骨痛病案中有所发展，而后被学者肯定并加以具体化、理论化。

三、海洋已有生态损害举证责任

举证责任，是指当事人对自己提出的主张（包括程序法上的主张）有提供证据予以证明的责任。它是民事诉讼中的关键环节，直接影响着民事诉讼的构造形态，被称为民事诉讼中的"脊梁"。《中华人民共和国民事诉讼法》第六十四条第一款规定："当事人对自己提出的主张有责任提供证据。"首先，当事人对自己的主张，负有提供证据的责任；其次，当事人应当以证据为依据，证明自己所述事实的真实性；最后，当事人不能提出证据或提供证据不足，而使其主张的真实性无法得到证实时，裁判可能对其不利。对于举证责任的分配，"谁主张，准举证"的原则早已成为中国各级司法机关的共识。法律确立举证责任分配法则的目的在于使双方当事人负担均衡以求公平和有利于诉讼。可是，在某些特殊情况下，如果按照一般原则分担就违背了以上宗旨，法律就应该对其做变通的规定。变通规定已经成为世界各国举证责任分担的趋势，其中之一，在理论上被称为"举证责任倒置"。举证责任倒置，是指当事人提出的主张不由其提供证据加以证明，而是由对方当事人承担举证责任。

但是，实行举证责任倒置并不意味着原告将一切证明责任都转移给被告方，自己不承担任何举证责任，而是只转移依据传统的证明责任原则本应由原告承担的部分证明责任，原告仍然承担初步的证明责任。就海洋生态损害赔偿诉讼而言，由原告证明海洋生态损害事实。海洋污染造成的海洋生态损害，应由原告证明该生态损害已经发生或存在发生生态损害现实危险的事实。一种情况是海洋生态损害事实已经发生，应由原告对损害事实负证明责任。因为原告要提出海洋生态损害赔偿请求，必须弄清楚生态环境受到了哪些损害。但海洋生态环境自身所受的损害较难证明，原告可以请求海洋环境监督管理部门对生态损害的事实做出认定，同时也可请公证部门做出公证。原告可以提供证据证明海洋环境被污染导致环境质量下降，影响了原本健康、安全、宁静、舒适、优美的环境。第二种情况是指已经发生海洋环境污染的行为，还没有产生损害事实，但具有造成海洋生态损害的潜在危险，应由原告对该危险负证明责任。根据生态损害的特点，如果对有造成损害的可能、但尚未造成实际损害的行为不予以制止，往往会使危害后果扩大化、严重化，从而对海洋生态系统造成严重损害。根据民事责任的一般原理，侵权行为即使尚未造成损害，但自发生损害的现实危险之时，当事人也要依法承担相应的民事责任。

四、海洋溢油生态损害赔偿诉讼时效

就海洋生态损害赔偿诉讼而言，延长诉讼时效期间不会加大对海洋生态环境的保护力度，反而可能使权利人怠于行使权利而走向初始目的的反面。就算诉讼时效的延长会使原告方面对复杂的海洋生态损害有充分准备诉讼的时间，但是如果诉讼时效的起算点没有明确下来，原告同样会因为诉讼时效丧失胜诉权。海洋生态损害案件的诉讼时效期间为3年，但是"受到污染"损害这个起算点是模糊的。在大多数海洋生态损害案件中，难以准确知道海洋生态损害是从何时开始的，这样，诉讼时效的实有期间就难以准确判断，此种情况不会因为单纯的延长诉讼时效而得到解决。因此，我们认为，海洋生态损害赔偿的诉讼时效期间为3年并不算短，有些国际公约还规定了更短的诉讼时效期间，问题的关键在于明确诉讼时效期间的起算点。根据传统的民事诉讼理论，我们可知，权利人仅仅知道自己的权利遭受损害，并不能向法院提起诉讼。诉讼必须有明确的诉讼主体，其中被告当事人是不可或缺的。就海洋生态损害赔偿诉讼而言，如果原告仅仅知道海洋生态系统遭受损害的事实，而不知道该生态损害事实由何致害人所致，也无法向法院提起诉讼以保护生态环境。若从此刻计算海洋生态损害的诉讼时效期间，则诉讼时效制度不能够发挥其应有的作用。此外，"应当知道权利受到损害"带有明显的客观评价标准，它以生活常识和惯例为判断标准。就一般的民事案件观之，由于损害行为和结果之间的关系极为简单，在长期的生活中积累下来的生活常识可以用来判断权利已经受到侵害，于是运用此条就可以看作对"知道权利被损害"的补充，促使当事人尽快行使权利。但是在海洋生态损害赔偿案件中照搬此条，是不符合海洋生态损害的特点的。因此，我们认为，生态损害赔偿的诉讼时效期间的起算点是：原告知道海洋生态损害事实和损害人，或原告可以向法院提起诉讼。

五、海洋生态损害赔偿的长期诉讼时效

就具体的海洋生态损害赔偿案件来看，普通诉讼时效为3年。其间可因原告主张权利——要求赔偿生态损失或者致害人承诺赔偿而中断，重新计算时效，或者因为法定事由而使诉讼时效中止。但是长期诉讼时效期间为20年，从海洋生态系统受到侵害之日起算，不以原告方是否知道海洋生态系统遭受损害为前提，并且这20年的长期诉讼时效连续计算且不中断，也不可延长。这对传统民事侵权行为来说也许是合适的，但如果把20年作为海洋生态损害赔偿案件的最长诉讼时效，就会出现明显不公正的结果。我们知道，大多数因环境污染而造成的海洋生态损害具有隐蔽性和潜伏性。在海洋生态系统开始遭受损害时往往无人知晓，等到损害症状陆续出现并大规模暴发时，才可能知道是由海洋污染造成的生态损害所致。此时，从海洋生态系统被侵害到发现生态系统被损害的事实之间，往往会超过20年。已有国际公约规定30年的长期诉讼时效期间。因此，应该针对海洋生态损害的特点，结合我国现阶段海洋科学技术水平和人民群众海洋环境保护意识不断增强的国情，把海洋生态损害赔偿诉讼时效延长为30～50年，以便海洋生态损害能够得到充分认识和修复补偿。

第四节　海洋溢油生态损害责任保险制度

海洋环境责任保险可归属于责任保险，根据环境责任保险的一般定义，海洋环境责任保险是指以被保险人因污染海洋环境而应当承担的保

险单约定的环境赔偿或治理责任为标的的责任保险。目前我国环境责任保险尚在构建之中，对于海洋生态责任保险制度鲜有关注。本节将提出构建我国海洋生态损害责任保险制度的框架，以期对生态损害责任保险制度的建立起到一定建设性作用。

一、保险属性和机构

我国海洋环境责任保险的承保主体，根据保险范围的类型，应该包括两类：一是商业性的保险公司，主要承保突发性的环境责任风险；二是政策性的保险机构，是政府设置的专门从事环境责任保险的机构，承保累积性的环境责任风险。目前我国除商品出口风险是政策性保险外，其余的都是商业性保险。海洋生态损害对海洋生态环境会产生持久的、严重的危害性，其赔偿费用数额巨大，保险公司往往要承受巨大的风险。在中国环境责任保险整体尚不成熟的条件下，很少会有保险企业愿意承担如此大的风险。此外，同传统的环境侵权责任不同，海洋生态损害是对海洋环境本身的损害，是对国家财产和公共利益的损害，海洋生态损害责任保险不应该完全按照商业化的模式运行。因此，海洋生态损害责任保险应该是以政策性为主导的保险。根据对生态损害后果的分类，可以分为累积性污染事故和突发性污染事故。累积性污染事故因波及面大、影响深远、风险损失巨大，适用于强制性责任保险；突发性污染事故可适用于任意性的海洋生态责任保险。

在承保机构的设置上，对于因生态损害危险性活动而适用强制责任保险的，可以由国家建立统一的政策性海洋生态责任保险机构，其经费来源可以由国家年度财政预算设立的专款，有关部门征收或取得的海洋生态补偿金、赔偿金、罚款，投保义务人缴纳的保险费，保险机构向被保险人或其他责任人追偿的款项等构成。而对于任意性的海洋生态环境责任保险，则可以采取政府补助等措施，鼓励商业保险公司自愿开展。

二、保险范围

造成海洋溢油生态损害的原因和损害类型是多种多样的，如陆源污染物、海岸工程建设项目、海洋石油勘探开发、海洋工程建设项目、倾倒废弃物、船舶及拆船等有关作业活动。海洋环境污染事故可以分为突发性的环境污染事故和累积性的环境污染事故，相应的责任保险的保险范围也应包括这两个方面。但是目前我国把环境责任保险的范围严格限定在突发性污染事故造成的民事赔偿责任的范围内，这显然不能适应我国日益增长的环境索赔和海洋环境压力的要求。因此，有必要将累积性环境污染事故造成的民事赔偿责任也纳入我国海洋生态责任保险的承保范围内。原因如下：一是累积性环境责任风险的承保符合保险利益原则。二是累积性环境责任风险，由于其确定性和污染结果产生的周期较长，因此一般情况下，一旦这种累积性的环境污染事故发生，造成的损害往往很严重，企业的赔付金额也很庞大。如果没有相应的保险，赔付对排污企业来说是致命的，而且也会使企业逃避对这类存在累积性环境责任风险的行业进行投资，从而影响经济的发展。三是累积性环境责任风险的承保虽然有很大的风险，但只要制度安排合理，累积性环境责任风险是可承保的。

目前，鉴于中国的国情，生态损害责任保险应仅承保突发性事故，对于反复性、持续性事故引起的生态损害应暂时不予承保。海洋生态损害责任保险承保的范围应包括生态损害发生后，采取防范性措施的费用、清理措施的费用、生态修复措施的费用及附加费用。无法原地复原的海洋生态损害，其修复费用可根据因需要采取异地恢复或区域措施的补偿费用来计算。

海洋生态损害责任保险应适用于在中华人民共和国内水、领海、毗连区、专属经济区、大陆架及中华人民共和国管辖的其他海域或者在沿海陆域内从事海洋开发利用活动发生突发性事故，导致海洋环境功能下降，海洋生物物种、种群、群落、生境及生态食物链破坏和海洋生态系统服务功能减弱的各种行为。

三、投保方式

海洋溢油生态损害责任保险应该采用以强制性为主的保险方式。一方面，我国社会环境责任意识整体不强，企业主动进行投保的意愿不足；另一方面，建立强制性的海洋生态损害责任保险，对于保护中国的海洋生态环境，增强海洋生态损害的控制和治理能力具有积极意义。此外，实行强制的海洋生态损害责任保险也是中国履行有关国际条约规定的义务的需要。为防止潜在的"道德风险"，在实行强制投保方式的同时，要实行责任限额制，合理地设定保险人的责任限额。

国际上普遍采用行政、法律、经济、技术的手段管理海洋环境问题，发达国家实施的环境污染责任保险制度十分突出。目前，实行强制保险的国家有美国、德国、瑞典等；采取自愿与强制保险结合的国家有法国、英国等。在保险责任的适用范围方面，美国就环境保险涉及的事故而言，承保的风险范围经历了由小到大的演变过程。俄罗斯于2017年公布了新的《环境保护法》，将环境污染责任保险制度写入其中，实行强制性国家生态保险。印度的环境责任保险根据责任人是国有还是非国有，实行两种机制：一种是普通商务公司实行商业强制保险，另一种是政府和国有公司实行保险基金制度。有关环境污染责任保险的适用范围，除法律规定的环境污染责任保险的种类外，具体适用范围由政府环保部门专门规定；对超过规定数量限值的危险化学物质，商务公司必须购买商业责任保险，国有公司和政府必须缴纳公共责任保险金。环境污染责任保险已被许多国家证明是一种有效的环境风险管理的市场机制。

海洋环境污染和生态健康问题责任保险是多方经济利益博弈的结果。郑冬梅运用博弈论的基本理论和方法，对涉及海洋环境责任的企业、政府和保险公司三方的行为进行分析，探究博弈冲突的缘由和影响。她的研究结果为：①在政府与保险公司的博弈中，政府给予保险公司政策支持且保险公司愿意承保，是纳什均衡理论下的双赢解决途径；②在政府与企业的博弈中，高风险的事件应当采用强制性保险，低风险的事件可以采用任意性保险；③在企业与保险公司的博弈中，企业投保，保险公司受保成为现实结果的概率大于77%。因此，海洋生态责任保险的投保方式应当是在政府政策的支持下，以强制性为主、任意性为辅的保险运作模式。

四、保费水平

保费水平的边界决定着保险范围的大小和制度实施的效果。保费水平高低与风险大小有一定的相关性。保费水平的边界的确定源于海洋环境责任保险制度的目标。海洋环境责任保险制度的根本目标是什么？有人认为是保障受害人因环境损害所获得的赔偿得到落实，有人认为是保证企业不因环境损害赔偿而陷入困境。在前者的观点中，保费标准的制定是依据受害人的获偿要求；在后者的观点中，保费标准的制定依据是企业生产不受影响，即企业的承受能力。在上述两因素达到协调的同时，还要考虑承保公司的性质、赢利和意愿因素，如承保公司作为商业性保险公司，它需要一定赢利及发展。所以海洋环境责任保险制度的保费水平的边界底线是保险公司不能亏本，否则没有任何公司愿意承揽保险业务而发生"惜保"。保费水平的边界上线是投保企业最大承受能力下的受害人损害的应有赔偿。若保险公司为政策性保险公司，则可以弱化赢利因素，综合考虑其他因素，合理厘定保费水平。同时，可以参考以美国、德国、英国为首的西方发达国家在保费水平确定上的经验做法，逐步建立平衡比较机制，以此对保费水平进行动态调整。

五、保险时效

目前的索赔时效主要有两种。一是索赔发生制，也称为初次请求赔偿或期内索赔制。凡是被保险人在保险单期限内被第三方要求索赔，并且在保险单期限或约定延长通知期限内向保险公司提出索赔，而保险事故发生在保险单期间内或追溯日以后的，保险公司皆应负赔偿责任。另一种是事故发生制，凡是在保险单期限内发生的保险事故，被保险人在规定时效内向保险公司索赔，保险公司皆应负赔偿责任。在传统的环境侵权责任保险中，西方国家的保险人为限制其责任，经常在保险单中使用"日落条款"，即在保险合同中约定自保单失效之日起最长30年，为被保险人向保险人索赔的最长期限。

事故发生制的优点在于承保任何发生在保单期限内的承保范围内的事故，而不论事故的发生及索赔的提出是在什么时候；缺点是保费较高。索赔发生制的优点在于保费较低，且若选择在同一家保险公司连续投保，则得到的保障范围与事故发生制基本相同；缺点在于保单仅对保险期限内提出的索赔提供保障，若该保单没有续保，则那些发生在保险期限内但在期满日后提出的索赔就无法得到保障。

海洋溢油属于高风险环境事故，根据其溢油量、种类、事发海域自然条件的不同，对局部海域造成重大而深远的影响的概率比较大。海洋生态损害的后果及因果关系的体现需要较长时间的观测和监测，其损失评估工作量大，且过程较为复杂，重大溢油事故定损和赔偿数额的确定时间跨度可能比较长。因此，风险性高的重大溢油事故应被强制性保险，且保险的时效应当执行事故发生制，并明确赔偿追溯的有效期，使重大溢油造成的生态损害得到必要和较为全面的救济。

另外，风险较小的溢油事件，如小型船舶油污泄漏等，其污染物量小、范围有限，预计为消纳时间短的海上石油污染事件，根据纳什均衡理论的研究结果，可以投保任意性海洋环境责任险。其时效性可以遵循赔偿发生制，因为其风险较小且影响时空尺度有限、定损快，一般可以在保险有效期或规定的延长报告期内向保险机构提交索赔报告，且此种时效制度的保险费用相对低廉。

（蒋　啸　石远灵）

第七章 "CHANG TONG" 货轮（巴拿马籍）海洋溢油事故生态损害赔偿案例

第一节 "CHANG TONG" 货轮（巴拿马籍）海洋溢油事故概况

2007 年 9 月 15 日 19 时 35 分，在山东省烟台正北 41 海里处（121°29.3′E、38°18.7′N），巴拿马籍货轮"CHANG TONG"轮与德国籍集装箱轮"HANJIN GOTHEN BURG"轮发生碰撞，"CHANG TONG"轮龙骨受损，油舱破裂。到 9 月 17 日，两轮仍保持插入状态，逐渐向东南方向漂移。在事故发生后，山东海事局派遣"北海救 111"进行了救助，将两船拖往近海浅水海域，现场清污力量"海巡 0602"轮、"烟救 13"轮、"烟港拖 12"轮、"烟港拖 17"轮及其拖带油驳继续进行油污监控。

2007 年 9 月 20 日，巴拿马籍货轮"CHANG TONG"轮在烟台港锚地沉没，沉没地点为 121°32.57′E、37°41.47′N。"CHANG TONG"号货轮撞船和沉船事故海域示意见图 7-1。

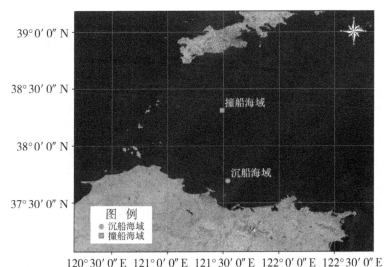

图 7-1　撞船和沉船事故地理位置

第二节　海洋溢油生态损害因果判定

　　此次溢油事故中的油为船舶燃料油，为非持久性油。考虑到燃料油的易挥发特性及溢油位置距离岸边较远，基本上对潮滩环境和沉积物环境未有明显影响，因此仅进行了对海水和浮游生物的海洋环境调查。

　　在溢油事故发生后，国家海洋局北海环境监测中心于 2007 年 9 月 22 日开展了溢油应急监测，2008 年 5 月 20 日开展了跟踪监测工作。

（一）监测站位布设

1. 布设原则

　　选择影响显著、对事发海域环境影响大的主要因子进行监测，合理选择测点和监测项目，力求做到监测方案有针对性和代表性。监测站点布设以满足本监测系统主要任务为前提，可操作性强，力求以较少的投入获得较完整的环境监测数据。

2. 调查站位和调查项目

应急监测：2007年9月22日，布设42个站点，主要调查石油类。

跟踪监测：2008年5月22日，在布设的16个站点进行跟踪监测，其中水质监测站点共16个，浮游生物监测站有8个。

（二）技术标准与规范

根据本次溢油事件污染区域内环境功能要求，本方案制定的采样、分析方法根据《海洋监测规范》（GB 17378.4～7—2007）执行。

1. 水环境

水质现场监测项目及所采用的分析方法见表7-1。石油类仅采表层水样。水质样品室内分析按相关的要求进行。

表7-1　水质监测项目及分析方法

项　目	指　标	监测、分析方法	检出限
水质	石油类	分光光度法	3.5微克/升

2. 生物

生物调查项目及分析方法见表7-2。

表7-2　生物调查项目及分析方法

项　目	指　标	监测、分析方法
浮游植物	种类组成和数量、优势种组成和数量	计数法
浮游动物	种类组成和生物量、优势种组成和数量	

浮游植物：样品用浅水Ⅲ型浮游生物网自底至表垂直拖网取得。浮游植物样品在实验室内完成浓缩、定容。以个体记数法进行样品分析，最后浮游植物换算成每立方米网样的细胞数量（单位：个），作为调查水域的现存量指标。

浮游动物：浮游动物样品采用浅水Ⅰ型浮游生物网，经5%福尔马林海水溶液固定保存。浮游动物分析采获的全部浮游动物个体，用感量为 0.1 毫克的电子天平称量，生物量以毫克/立方米为单位，生物密度以个/立方米为单位，作为调查水域的现存量指标。

此次溢油事故发生在烟台北部海域，溢油影响到的环境敏感区主要为渔业水域。

一、溢油漂移路径分析

溢油漂移模式采用二维潮流方程模拟计算溢油漂流路径，具体如下：

$$\frac{\partial s}{\partial t} + \frac{\partial}{\partial x}\int_{-h}^{s} u\,\mathrm{d}z + \frac{\partial}{\partial y}\int_{-h}^{s} v\,\mathrm{d}z = 0 \tag{1}$$

$$\frac{\partial u}{\partial t} + u\frac{\partial u}{\partial x} + v\frac{\partial v}{\partial y} = -g\frac{\partial s}{\partial x} + \frac{\partial}{\partial z}\left(\nu\frac{\partial u}{\partial z}\right) + fv \tag{2}$$

$$\frac{\partial v}{\partial t} + u\frac{\partial v}{\partial x} + v\frac{\partial v}{\partial y} = -g\frac{\partial s}{\partial y} + \frac{\partial}{\partial z}\left(\nu\frac{\partial v}{\partial z}\right) - fu \tag{3}$$

其中，$u(x,y,z,t)$ 和 $v(x,y,z,t)$ 是局地水平速度分量；s 是静止水面上的自由表面高度；f 是科氏力系数；ν 是铅直方向上的涡动黏滞系数。

垂直边界条件：

$$\nu_s\frac{\partial u}{\partial z}\Big|_{z=0} = \nu_s\frac{\partial v}{\partial z}\Big|_{z=0} = 0 \tag{4}$$

$$u\big|_{z=-h} = v\big|_{z=-h} = 0 \tag{5}$$

垂直平均流速：

$$[U,V] = \frac{1}{h}\int[u,v]\,\mathrm{d}z \tag{6}$$

设潮流垂直分布可以为二阶多项式拟合。以一维情形为例：$u = \alpha(x)z^2 + \beta(x)z + \gamma$，其中 α、β、γ 是未知函数，由边界条件（4）～（6）解出未知系数，得 $u = -\frac{3}{2}U\left[\left(\frac{z}{h}\right)^2 - 1\right]$，$v$ 分量也有类似的表达式。将分量表达式带入（1）～（3），经运算得：

$$\frac{\partial U}{\partial t} + 1.2U\frac{\partial U}{\partial x} + 1.2V\frac{\partial U}{\partial y} = -g\frac{\partial s}{\partial x} + fV - \frac{\tau_{bx}}{\rho h} \tag{7}$$

$$\frac{\partial V}{\partial t} + 1.2U\frac{\partial V}{\partial x} + 1.2V\frac{\partial V}{\partial y} = -g\frac{\partial s}{\partial y} - fU - \frac{\tau_{by}}{\rho h} \tag{8}$$

$$\frac{\partial s}{\partial t} + \frac{\partial}{\partial x}(Uh) + \frac{\partial}{\partial y}(Vh) = 0 \tag{9}$$

其中，$[\tau_{bx}, \tau_{by}] = C_D[U, V]$，$C_D = 4.40 \times 10^{-4}$。

水平边界条件：

$$u_n = v_n = 0 \tag{10}$$

$$\frac{\partial u}{\partial x} = 0, \quad s = \sum_{i=1}^{i=8} f_i H_i \cos(\sigma_i t + u_0 + v_i - g_i) \tag{11}$$

其中，H_i 和 g_i 是分潮的调和常数，8 个分潮分别是 O_1、K_1、M_2、S_2、P_1、Q_1、N_2、K_2，开边界潮位变化采用成山头和小长山潮汐观测站的长期潮汐资料做调和分析，计算出 8 个分潮的调和常数，并内插到内部开边界格点。模式开边界地理位置见图 7 - 2。模式主要参数为纬向格距 $dx = 6.093$ 千米，径向格距 $dy = 4.625$ 千米，时间步长 $dt = 120$ 秒。通过 2002 年 11 月 26—30 日期间实测潮位与计算模拟结果的比较，4 个站点的观测潮汐变化和计算值的潮位距平与实际情形是十分接近的。

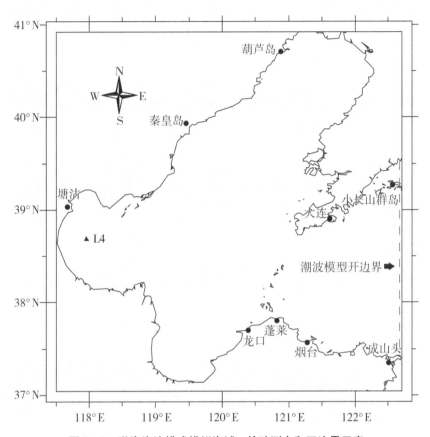

图 7-2 渤海海流模式模拟海域、检验测点和开边界示意

将潮流测点的表层、底层流逐时的观测资料（1983 年 7 月 29 日 12 时—30 日 14 时）与模式计算表层流速对比，见图 7-3 至图 7-6，比较结果表明，模拟表层流、底层流（距海底 1 米处）与实际观测结果是基本一致的。

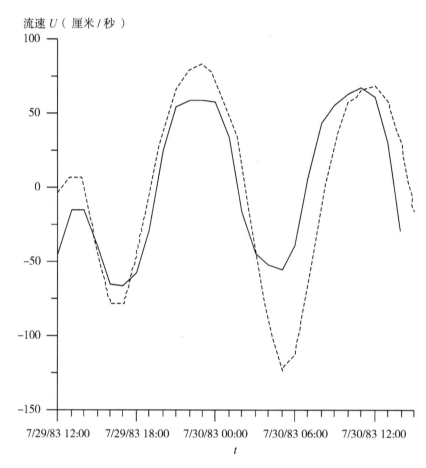

图 7 - 3　L4 站表层流速 U 分量计算值（虚线）与观测值（实线）的比较

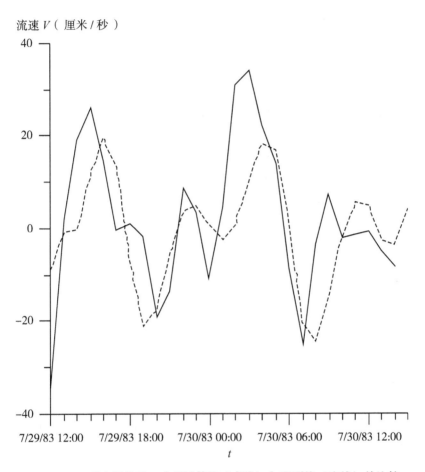

图 7-4　L4 站表层流速 V 分量计算值（虚线）与观测值（实线）的比较

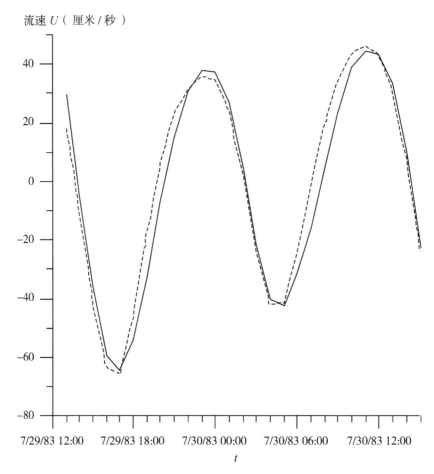

图 7 − 5　I4 站底层流速 U 分量计算值（虚线）与观测值（实线）的比较

事故发生地在渤海海峡中部（撞船、沉船位置见图 7 − 1），综合考虑发生地和数据的因素，模拟区间的边界选在成山头至丹东东港一线。选取 S_2、M_2、N_2、K_1、P_1、O_1 六个主要分潮。根据 2007 年烟台金沙滩海水浴场 9 月的观测数据外推渤海海峡的风速、风向。

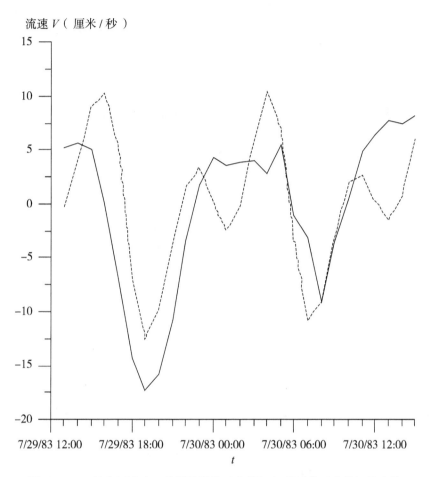

图 7-6　L4 站底层流速 *V* 分量计算值（虚线）与观测值（实线）的比较

　　模拟所得渤海海峡局部海域瞬时流场见图 7-7，以大连为基准，分别给出该海域在涨急和落急两个时刻的瞬时流场。

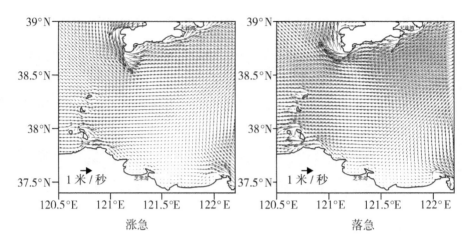

图7-7　渤海海峡局部海域瞬时流场

二、溢油漂移计算

在溢油事故发生后，将海面溢油视作若干漂油质点，这些漂油质点在潮流、风海流和漂流扩散力的合成作用下，在海面做漂移运动，每个质点随时间漂移的位置由下式计算：

$$X = X_0 + U_s\Delta t + r_h{}^a\cos\theta, \quad Y = Y_0 + V_s\Delta t + r_h\sin\theta \qquad (12)$$

其中，X 和 Y 是溢油质点新位置；X_0 和 Y_0 是溢油质点旧位置；U_s 和 V_s 分别是 X 方向和 Y 方向的表层流流速或底层流流速；$r_h = \sqrt{6D_X\Delta t + 6D_Y\Delta t} \cdot [R]_0^1$，$\theta = 2\pi[R]_0^1$，$[R]_0^1$ 是 $0\sim1$ 之间的随机数。

根据船舶的吨级，估计本次撞船的溢油量为 200 吨，撞船后连续溢油 5 小时。通过模拟结果可知，围绕溢油点，油膜随潮汐来回摆动，净漂移方向为东南向，图7-8 至图7-11 分别为溢油 12 小时、24 小时、48 小时、96 小时后表层油质点的漂移位置。溢油 24 小时后，油膜在海面的覆盖面积为 457.8 平方千米。

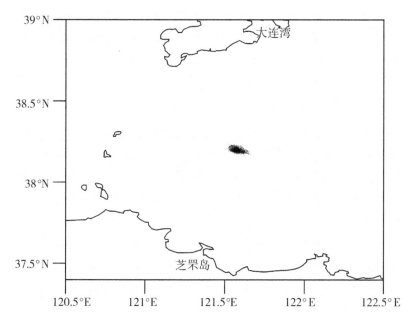

图 7 - 8　撞船 12 小时后表层油质点漂移范围模拟

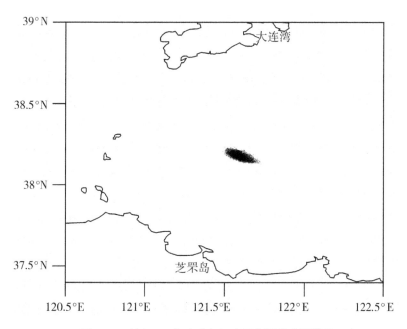

图 7 - 9　撞船 24 小时后表层油质点漂移范围模拟

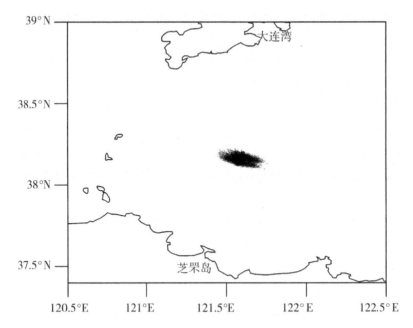

图 7 - 10　撞船 48 小时后表层油质点漂移范围模拟

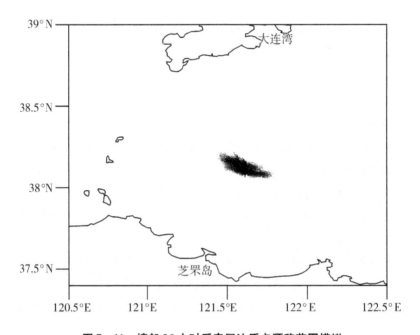

图 7 - 11　撞船 96 小时后表层油质点漂移范围模拟

沉船中仍有部分残油，在船舶分离后，估计有 20 吨油从船体内溢出，上浮至海表面，经过 24 小时后，其溢油影响面积为 91.7 平方千米。

三、海洋溢油生态损害对象及程度确定

发生船舶燃料油事故后，燃料油通过各种途径进入海洋，损害海洋生态环境及其服务功能，影响海洋功能区的正常使用。本节主要分析溢油事故对海域海水质量和海洋生物的损害。

（一）海水质量损害程度确定

在溢油事故发生后，山东海事局、烟台海事局对溢油事故进行了调查，同时，国家海洋局北海环境监测中心于 2007 年 9 月 22 日和 2008 年 5 月 20 日分别对溢油进行了应急监测和跟踪监测。

1. 溢油事故发生前该海域水质状况

根据 2007 年 8 月北黄海近海、远海趋势性监测数据，由表 7-3 和表 7-4 可知，此次调查的溢油事故附近海域的海水质量均符合国家海水质量标准中的一类标准。

表 7-3　溢油事故发生前该海域水质监测数据①

站号	经度	纬度	石油类（微克/升）
H00JQ004	122°15′00″	38°03′00″	42.5
H00JQ005	122°30′00″	37°40′00″	34.8
H37JQ006	122°37′34″	37°30′40″	38.6
平均值	—	—	38.5

---

①　2007 年 8 月北黄海近海、远海趋势性监测数据。

海洋溢油生态损害赔偿技术与实践

表 7-4　海水水质标准（GB 3097—1997）

项目	第一类	第二类	第三类	第四类
石油类 （毫克/升）	≤0.05		≤0.30	≤0.50

2. 溢油事故发生后该海域水质状况

由表 7-5 可知，溢油事故发生后，事故海域监测站位沉船点、YJ07、YJ10、YJ11、YJ14、YJ15、YJ24、YJ28、YJ29、YJ32、YJ33、YJ34、YJ38 等 13 个站位的石油类浓度均超出二类海水水质标准。

表 7-5　2007 年 9 月海水中石油类浓度监测结果

站号	沉船点	YJ01	YJ02	YJ03	YJ04	YJ05	YJ06
浓度（微克/升）	99.3	38.5	41.2	42.7	33.6	41.4	42.2
站号	YJ07	YJ08	YJ09	YJ10	YJ11	YJ12	YJ13
浓度（微克/升）	65.3	48.8	32.5	52.6	58.4	44.1	41.5
站号	YJ14	YJ15	YJ16	YJ17	YJ18	YJ19	YJ20
浓度（微克/升）	55.2	50.9	38.4	33.3	37.6	41.3	36.5
站号	YJ21	YJ22	YJ23	YJ24	YJ25	YJ26	YJ27
浓度（微克/升）	44.2	39.9	40.8	65.2	38.9	30.8	32.4
站号	YJ28	YJ29	YJ30	YJ31	YJ32	YJ33	YJ34
浓度（微克/升）	59.3	81.2	38.5	28.5	50.5	58.7	67.8
站号	YJ35	YJ36	YJ37	YJ38	YJ39	YJ40	YJ41
浓度（微克/升）	38.6	22.4	42.1	52.1	42.4	38.3	31.1

从表 7-6 中可以看出，溢油事故发生 8 个多月后海水中石油类浓度均符合国家海水质量标准中的一类标准，海水中的石油类浓度已恢复到事故前的水平。但是由于沉船尚未被打捞出水，靠近沉船位置的站点仍接近一、二类海水中石油类标准。

表 7-6　溢油事故发生后海水中石油类浓度监测结果

站号	YC01	YC02	YC03	YC04	YC05	YC06	YC07	YC08
浓度（微克/升）	34.1	38.5	28.8	32.7	30.4	49.8	38.2	33.1
站号	YC09	YC10	YC11	YC12	YC13	YC14	YC15	YC16
浓度（微克/升）	29.8	31.3	40.1	42.4	22.5	38.4	30.4	29.9

3. 海水质量污染程度确定

根据溢油事故发生后水质监测结果，对所监测的 41 个站位海水石油类浓度，采用软件 ARCGIS 9.0，以 Kriging 计算方法绘制等值线，以高于背景值的海域作为受此次溢油事故的污染区域（图 7-12），以高于国家海水质量标准二类标准形成的海域作为严重污染区域（图 7-13）。ARCGIS 9.0 软件计算出的海水质量受污染区域面积约 386.6 平方千米，其中严重受污染区域面积约 223.7 平方千米。

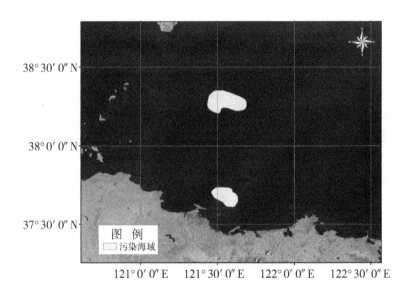

图 7-12　海水质量受溢油污染区域

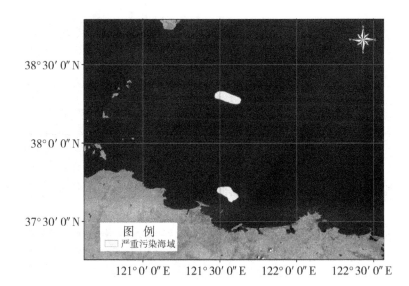

图 7 - 13　海水质量受溢油严重污染区域

（二）海洋生物损害程度确定

溢油事故，尤其重大溢油事故，会直接影响附近海域海洋生物数量、种群结构、生物量及生物质量。浮游生物对石油类的污染具有较强的敏感性，特别是某些动物的幼体，对其敏感性更明显，具体的毒害作用包括对摄食、呼吸、运动、趋化性、脱皮、酶的活性等的影响。

鉴于事故海域浮游生物资料匮乏，本书仅以 2007 年 9 月 30 日在此次溢油事故附近海域进行的生物监测数据来阐明事故海域浮游生物状况。

1. 浮游植物

Ⅰ. 浮游植物种类组成

本次调查所获浮游植物种类较少。经鉴定仅出现 42 种。其中硅藻 32 种、甲藻 9 种、金藻 1 种，各占出现浮游植物总种数的 76.19%、21.43% 和 2.38%。

Ⅱ. 细胞数量

在细胞数量的组成中，硅藻占绝对优势，甲藻次之，它们出现的细胞数量分别占浮游植物总细胞数的 94.53% 和 5.46%。

调查海域内各站出现的细胞数量变化范围为（1.99 ~ 4.30）× 10^4 个/立方米，平均值为 3.41×10^5 个/立方米。YC11 站出现的细胞数量最多，而 YC04 站最少（图 7-14）。

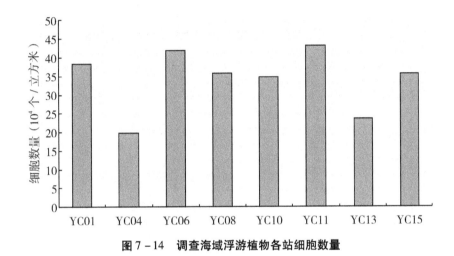

图 7-14　调查海域浮游植物各站细胞数量

（三）浮游动物

1. 种类组成

此次调查海域共鉴定出浮游动物 6 种，其中桡足类 2 种、毛颚类 1 种、幼虫及幼体类 3 种。此次调查海域浮游动物种类较少，种类组成较为简单。

2. 生物量（湿重含量）和个体数量

调查海区中浮游动物生物量（湿重含量）平均为 11.7 毫克/立方米，其站位之间生物量的波动范围为 4.2 ~ 17.3 毫克/立方米，最高生物量出现在 YC11 站，最低生物量出现在 YC01 站（图 7-15）。

调查区浮游动物的个体数量平均为 43.4 个/立方米，其个体数量的波动范围为 12.3 ~ 89.4 个/立方米，最高个体数量的分布站在 YC11 站，最低的分布站在 YC01 站（图 7-16）。

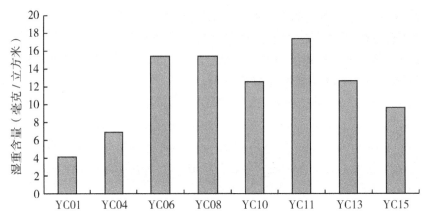

图 7 - 15　调查海域浮游动物生物量

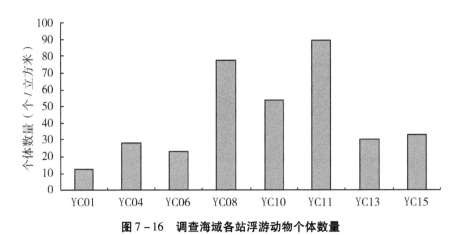

图 7 - 16　调查海域各站浮游动物个体数量

3. 海洋生物损害

由于未能获取事故海域海洋生物背景资料，因此采用基于海水中污染物的超标倍数法来确定海洋生物的受损程度。生物损失率见表 3 - 5。

根据确定的海水质量污染程度，严重污染区（超第二类海水水质标准但符合第三类海水水质标准）的面积为 223.7 平方千米，石油类的超标倍数小于 1。浮游植物、浮游动物受损率按 5% 计算。由于船舶碰撞泄露轻质原油，因此污染海域深度按 0.5 米计算。

浮游植物：$3.41 \times 10^5 \times 223.7 \times 10^6 \times 0.5 = 3.814 \times 10^{13}$（个）。

浮游动物：$43.4 \times 223.7 \times 10^6 \times 0.5 = 4.854 \times 10^9$（个）。

第三节 海洋溢油生态损害评估

本次溢油油品性质为轻质原油，属于非持久性油类，发生海域类型为远岸海域，受污染区域面积约 386.6 平方千米。根据海洋溢油生态损害因果判定及损害程度研究技术方法确定的评估工作等级（表 7-7），认定本次溢油损害评估工作等级为 3 级。

表 7-7 评估工作等级

油品性质	溢油扩散范围 A（平方千米）	海域类型	评估等级
非持久性油类	$A < 100$	所有海域	3 级
	$100 \leqslant A < 1000$	近岸海域	2 级
		远岸海域	3 级
	$A \geqslant 1000$	近岸海域	1 级
		远岸海域	2 级
持久性油类	$A < 100$	所有海域	3 级
	$100 \leqslant A < 1000$	近岸海域	2 级
		远岸海域	3 级
	$A \geqslant 1000$	近岸海域	1 级
		远岸海域	1 级

根据表 7-8，确定本次溢油损害评估中，必须评估项目为环境容量损失，选择性评估项目为海洋生态服务功能损失、生境修复及生物种群恢复。

为验证研究方法的实用性和科学性，本次评估将进行环境容量损失、海洋生态服务功能损失、生境修复及生物种群恢复评估。考虑到此次溢油性质为船舶燃料油，本次溢油对沉积物及岸滩未造成影响，因此不考虑生境修复。同时，关键性的生物种群未受到影响，因此未考虑生物种群恢复。

表7-8　评估内容

评估工作等级	评估项目			
	海洋生态服务功能损失	环境容量损失	生境修复	生物种群恢复
1级评估	★	★	☆	☆
2级评估	☆	★	☆	☆
3级评估	☆	★	☆	☆
注：★为必选评估项目；☆为可选评估项目				

　　本次溢油案例示范区应在收集整理该海域大量生态、环境、社会经济等数据，并对这些数据分析整理的基础上，评估此次溢油对海洋生态造成的损失。评估程序见图7-17。

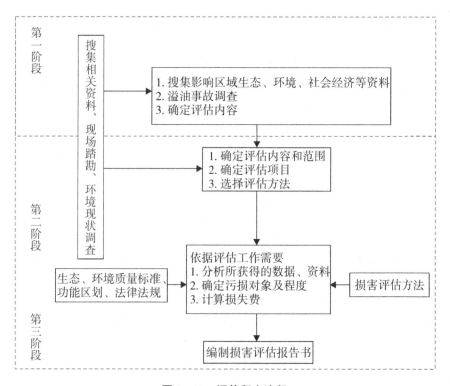

图7-17　评估程序流程

一、海洋生态服务功能损失评估

（一）评估方法

当海洋生态系统服务价值无法获取时，海洋溢油事故形成的海洋生态系统服务功能损失的计算公式为

$$HY_E = \sum_{t=1}^{n} hy_i$$

$$hy_i = hy_{di} \times hy_{ai} \times s_i \times t_i \times T \times d$$

其中，hy_i 为第 i 类区域海洋生态系统类型海洋生态系统服务功能损失（单位：万元）；hy_{di} 为溢油影响的第 i 类区域海洋生态价值［单位：元/（公顷·年）］，溢油影响海域生态价值按照 GB/T 28058 中规定的海洋生态系统服务评估方法估算（不包括渔业资源），如果溢油影响海域生态价值难以评估，可参照表 7 - 9 中不同类型海洋生态系统的平均公益价值；hy_{ai} 为溢油影响的第 i 类区域海洋生态系统面积（单位：公顷）；s_i 为溢油对第 i 类区域海洋生态系统的影响程度，以 HY/T 087 中规定的海洋生态系统健康指数的变化率表示，其中，对于海洋生物健康评价标准值的确定可参照溢油影响海域或邻近海域的背景值；t_i 为溢油事故发生至第 i 类区域海洋生态系统恢复到原状的时间（单位：年）；T 为溢油毒性系数，没有使用消油剂取值为 1，使用消油剂取值为 3；d 为折算率，选取 1% ~ 3%，海洋环境敏感区取 3%，近岸海域非环境敏感区取 2%，远岸海域非环境敏感区取 1%。

表 7 - 9　不同类型海洋生态系统的平均公益价值

单位：元/（公顷·年）

服务功能类型	生态系统类型					
	河口和海湾	海草床	珊瑚礁	大陆架	岸滩	红树林
大气调节	—	—	—	—	1091	—

续表 7 - 9

服务功能类型	生态系统类型					
	河口和海湾	海草床	珊瑚礁	大陆架	岸滩	红树林
干扰调节	4649	—	22550	—	37220	15080
水分调节	—	—	—	—	123	—
水资源供给	—	—	—	—	31160	—
营养循环	173020	155816	—	11734		
废物处理	—	—	476	—	34251	54907
生物控制	640	—	41	320	—	—
避难所	1074	—	—	—	2493	1386
原材料	205	16	221	16	869	1328
娱乐	3124	—	24666	—	4707	5396
文化	238	—	8	574	7224	—
总价值	182950	155832	47962	12644	119138	78097

当海洋生态系统服务价值能够获取时，海洋溢油事故造成的海洋生态系统服务功能损失计算公式为

$$HY_E = \sum_{t=1}^{n} hy_i$$
$$hy_i = hy_{di} \times hy_{ai} \times s_i \times t_i \times T$$

其中，hy_i 为第 i 类区域海洋生态系统类型海洋生态系统服务功能损失（单位：万元）；hy_{di} 为溢油影响的第 i 类区域海洋生态价值 [单位：元/（公顷·年）]，$hy_{di} = h \times m_i$，h 是研究区域单位面积海洋生态服务价值，m_i 是第 i 类功能区海洋第 i 类功能区海洋溢油生态敏感系数；hy_{ai} 为溢油对 i 类区域海洋生态系统的影响面积（单位：公顷）；s_i 为溢油对第 i 类区域海洋生态系统的影响程度，以《近岸海洋生态健康评价指南》（HY/T 087—2005）中规定的海洋生态系统健康指数的变化率表示，其中，对于海洋生物健康评价标准值的确定可参照溢油影响海域或

邻近海域的背景值；t_i 为溢油事故发生至第 i 类区域海洋生态系统恢复到原状的时间（单位：年）；T 为溢油毒性系数，没有使用消油剂取值为 1，使用消油剂取值为 3。

（二）海洋溢油的生态服务功能损失评估

采用两种方法来计算本次溢油海洋生态服务损失价值。

1. 海洋生态服务价值不易获取时

若本次溢油海洋生态服务损失价值不易在时间段内通过计算获取，则鉴于本次溢油事故发生在生态环境脆弱的渤海附近海域，可以河口和海湾的价值计算此次溢油事故造成的生态系统服务功能损失。

由于海洋生态系统健康指数计算指标的复杂性且本次溢油事故海域仅有水质受到污染，沉积物、栖息地、生物和生物质量可能未受到影响，我们保守估算，假定沉积物、栖息地、生物和生物质量的健康指数未发生变化，且都是健康状态。受此次溢油事故的影响，386.6 平方千米的水域面积受到污染，其中 223.7 平方千米的水域面积受到严重污染。

水环境指数中以石油类为计算指标，根据 2008 年 5 月 20 日的调查结果可知，石油类的浓度为 22.5 ～ 49.8 微克/升，因此，根据 HY/T 087 中水环境健康指数的赋值可知，水环境的变化值为 15。因此，溢油事故发生海域生态系统健康指数的变化率为 15/（15 + 10 + 10 + 15 + 50）×100% = 15%。

鉴于 2008 年 5 月 20 日水质已基本恢复，以 30 天的保守时间作为恢复时间，污染面积采用溢油严重污染面积的 50% 参与保守计算。

综上所述，生态系统服务功能损失 = 182950 × 223.7 × 100 × 50% × 15% × 30/365 × 3% = 756849（元）。

2. 海洋生态服务价值能够获取时

根据第二章所计算的溢油海域海洋生态服务价值，该溢油事故位于烟台开发区海域中的其他海域，其海洋生态服务价值为 5535 元/（公顷·年），其他计算所需参数与海洋生态服务价值未能获取的情况是一致的。综上所述，本次溢油生态系统服务功能损失 = 5535 × 223.7 × 100 × 50% × 15% × 30/365 = 763261（元）。

综上，两种方法计算的溢油生态服务价值损失基本一致。

二、环境容量损害评估

环境容量价值损失是指超过一定限度的环境污染破坏了环境的自净功能，使环境损失了容纳消解污染物的能力。对于某一海域，其环境容量是有限、有价的。一定量的污染物进入该海域，并对该海域的环境质量构成损害，从而导致海域的环境容量降低、环境容量价值一定程度的损失，也可以说是占用了环境容量价值。

（一）评估方法

对于本次溢油事故造成的海域环境容量损失，本节采用影子工程法进行评估，其中污水处理厂的选取采用类比分析方法确定。计算公式为

$$HY_W = W_q \times W_c$$

其中，HY_W 为海洋环境容量损失（单位：元）；W_q 为污水处理费（单位：元/立方米），参考溢油源发生地或影响区域所在地的地市级以上城市的油类污水处理费用，如果难以直接获得溢油源发生地或影响区域所在地的地市级以上城市的油类污水处理费用，宜采用调研的方式获取；W_c 为溢油损害水体体积（单位：立方米），即溢油影响海域海水中石油类浓度超出其所在海洋功能区水质标准要求及油膜覆盖海域的水体体积。

损害水体体积的计算公式为

$$W_c = hy_a \times K$$

其中，hy_a 为溢油影响的海水面积（单位：平方千米）；K 为溢油影响的海水深度（单位：米）。

（二）环境容量损害评估

根据环境容量损害评估方法，以溢油事故发生后应急监测结果确定

的严重污染区域作为溢油影响的水域面积，严重污染面积约223.7平方千米，采用表层水体（0.5米）参与计算，因此整个严重受污染的水体体积（W_c）约为1.119×10^8（$223.7 \times 10^6 \times 0.5$）立方米。

鉴于建设污水处理厂的费用较大，我们假设以烟台市现有的污水处理厂进行处理此次溢油事故影响的水体，因此，环境容量损失计算是以保守值进行计算，未将污水处理厂的建设费用考虑在内。我们以烟台地区的污水处理费0.90元/立方米计算，最终处理受污染水体体积以严重受污染的水体体积的6%参与计算，因此，最终处理受污染水体的费用为6042600（$1.119 \times 10^8 \times 6\% \times 0.9$）元，即此次溢油事故造成的环境容量价值损失保守估算费用为6042600元。

第四节　海洋溢油生态损害赔偿模式

依据海洋溢油生态损害赔偿管理模式，海洋溢油生态损害索赔模式主要分为三类：法律诉讼、基金保险和行政协调。"CHANG TONG"货轮（巴拿马籍）事故的海洋生态损害索赔模式为行政协调。

"CHANG TONG"货轮（巴拿马籍）事故采用行政协调方式进行海洋生态损害索赔，较好地维护了受损害方的利益，同时节省了诉讼的程序和费用，保障了海洋生态赔偿和修复的快速执行。

（李　月　魏嘉依）

第八章 涠洲岛油田溢油事故生态损害 赔偿案例

第一节 涠洲岛油田溢油事故概况

2008 年 8 月中下旬，中国海洋石油总公司涠洲油田发生原油泄漏事故，油污在海面风的作用下形成溢油漂流带，并受西南风影响，逐渐向西南方向移动，在溢油初期几天到达涠洲岛。油块在风和流的作用下冲上海滩，并残留在海滩上，形成长 2.5 千米，面积约 12500 平方米的受污染岸线。之后，油污带继续扩散至北海、钦州、防城港沿岸海域，对广西北部湾海域、潮滩及湿地国家自然保护区产生了不同程度的生态环境影响。

根据溢油源调查分析表明，本次溢油事故发生点位于油井海底输油管线 WZ12 - 1A 平台至 WZIT，距离涠洲岛西南约 13 千米。根据雷达卫星海上溢油模拟同步观测试验，估算本次溢油事故的溢油量为 1026 吨，溢油时间为 8 月 19 日 12 时—8 月 20 日 19 时之间，溢油油品为重质原油、持久性油类，密度为 985 千克/立方米。

根据 2005 年广西北海市海洋环境质量公报，北海近岸绝大部分海域为清洁海域和较清洁海域。其中，石油类除码头作业区略有超标外，其他大部分海域均符合国家清洁海水水质标准。海域沉积物质量状况良好，均在一类标准以内。对海洋贝类的监测显示，镉和铅残留水平较高。

根据 2005 年广西防城港市海洋环境质量公报：防城湾海水 BOD_5 和无机氮符合二类海水水质标准，其余项目均达到一类海水水质标准；珍珠湾海水除汞含量符合二类海水水质标准外，其余监测项目均达到一类海水水质标准；北仑河口海水无机氮和汞均超二类海水水质标准，其余监测项目符合二类海水水质标准。其中，海水中的无机氮、无机磷和石油类含量详见表 8 - 1。在海洋沉积物检测中，防城港各港湾中铜、铅、锌、镉、总汞、总铬均符合一类海洋沉积物质量标准，珍珠湾和北仑河口的部分测站砷含量符合二类海洋沉积物质量标准。

表 8-1　防城港市主要港湾海水质量

参数	防城湾海水	珍珠湾海水	北仑河口海水
无机氮平均含量（毫克/升）	0.22	0.066	0.26
无机磷平均含量（毫克/升）	0.0086	0.0046	0.0078
石油类平均含量（毫克/升）	0.03	0.04	0.039

第二节　海洋溢油生态损害对象和程度的确定

海洋溢油生态损害对象和程度的确定包括海水水质及沉积物环境损害程度确定、海洋生物损害对象和损害程度确定、典型生态系统损害对象和损害程度确定等。

一、海水水质及沉积环境损害程度确定

根据溢油油膜漂移模拟结果，溢油开始几天内，油膜面积较小，随后油膜逐渐分散，面积增大而油膜厚度变薄，油膜漂移轨迹主要受潮流和风生流共同作用。溢油从 2008 年 8 月 19 日开始，至 8 月 21 日 0 时，油膜往溢油点东北方向漂移，随后转向西北向，飘向涠洲岛，至 23 日，油膜抵达涠洲岛，随后部分油膜滞留在涠洲岛周边水域，大部油膜往广西沿岸海域漂移。8 月 27 日，油膜抵达北海沿岸海域，随后油膜受东北、东南、东向风影响，往防城港海域漂移，至 9 月 6 日 0 时左右，部分油膜抵达防城港海域，大部油膜在广西沿岸以南海域漂移，9 月 6 日后，大部油膜飘向越南海域。见表 8-2。

根据溶解油扩散数学模型模拟，溶解油主要在溢油点附近海域扩散，溢油期间（1～31 小时）浓度增量较大，溢油停止后扩散海域浓度增量逐渐变小，60 小时后海域浓度增量基本上小于 0.05 毫克/立方分米。

表 8－2　溢油后不同时刻不同厚度油膜面积和扫海面积

时刻	不同油膜厚度的面积（平方千米）										扫海面积（平方千米）
	>0.02 微米	>0.1 微米	>0.3 微米	>1 微米	>5 微米	>15 微米	>20 微米	>100 微米	>1000 微米		
8月20日0时	19.02	19.02	19.02	19.02	4.59	2.26	0.00	0.00	0.00	30.95
8月21日0时	66.70	59.92	55.37	50.84	18.19	0.00	0.00	0.00	0.00	152.31
8月22日0时	82.18	71.13	63.02	45.96	19.38	2.27	0.00	0.00	0.00	440.83
8月23日0时	50.35	43.69	37.92	28.55	13.94	5.51	4.36	0.00	0.00	689.94
8月24日0时	79.16	55.69	47.72	31.15	14.49	5.09	1.49	0.00	0.00	939.24
8月25日0时	118.50	77.28	57.75	38.03	13.53	5.00	2.96	0.00	0.00	1128.80
8月26日0时	185.58	114.02	67.78	31.82	8.97	3.12	2.59	0.00	0.00	1311.09
8月27日0时	164.18	91.20	48.81	19.13	6.12	2.67	2.41	0.58	0.00	1661.52
8月28日0时	220.89	113.93	54.99	25.19	7.13	2.81	2.19	0.28	0.00	2156.48
8月29日0时	302.34	170.94	97.17	50.10	10.45	1.64	1.51	0.12	0.00	2705.12

续表 8－2

时刻	不同油膜厚度的面积（平方千米）									扫海面积（平方千米）
	>0.02微米	>0.1微米	>0.3微米	>1微米	>5微米	>15微米	>20微米	>100微米	>1000微米	
8月30日0时	473.17	243.51	132.73	51.18	7.11	1.27	0.20	0.12	0.00	3218.60
8月31日0时	524.08	247.62	126.29	48.05	9.23	0.85	0.20	0.00	0.00	3623.17
9月1日0时	533.79	275.22	150.33	50.10	6.23	0.20	0.20	0.09	0.00	4189.71
9月2日0时	632.56	294.17	149.67	41.00	9.45	1.65	0.07	0.07	0.00	4573.76
9月3日0时	645.72	324.29	142.18	55.24	6.82	1.45	0.16	0.07	0.00	5079.69
9月4日0时	719.23	315.61	144.99	49.10	5.19	0.63	0.16	0.07	0.00	5724.03
9月5日0时	757.04	341.09	155.83	46.67	4.96	0.63	0.63	0.07	0.00	6691.90
9月6日0时	545.09	280.47	146.63	50.28	4.96	0.16	0.16	0.07	0.00	7272.76

大于 0.1 毫克/立方分米的高浓度溶解油主要分布于溢油点附近水域，溶解油全程最大增量大于 0.06 毫克/立方分米的最大包络面积约 107.7 平方千米，大于 0.1 毫克/立方分米的最大包络面积约 53.3 平方千米，见表 8-3。

表 8-3　溶解油全程最大增量包络面积

浓度（毫克/立方分米）	最大增量包络面积/平方千米
≥0.05	143.635
≥0.06	107.688
≥0.1	53.263
≥0.3	0.000

在溢油事故发生后，于 2008 年 10 月对溢油污染海域海水水质的调查发现：表层溶解氧的平均含量均符合国家一类海水水质标准；而底层溶解氧在涠洲岛周边溢油重点海域平均含量为 5.52 毫克/立方分米，明显低于对照海域底层溶解氧 7.49 毫克/立方分米的平均含量；沉积物中多环芳烃（PAHs）和苯并［a］芘含量，受污染海域略高于对照海域；其他各项指标均符合国家一级或二级标准。由此可以看出，本次溢油事故对污染海域海水水质和沉积物的影响在经过 2 个月的自然净化后逐渐减弱，但对底层海水和沉积物的影响一直延续。

二、生物损害对象和程度的确定

（一）溢油生物损害对象

根据 2008 年 10 月的群访问卷调查结果，在 113 份红树林问卷调查中，34% 的被访者在 8—9 月间见到海洋生物死亡；在 68 份海草床问卷调查中，22.1% 的被访者见到海洋生物死亡；在 20 份珊瑚礁问卷调查中，31% 的被访者见到大量海洋生物异常死亡，另有 19% 见到少量海洋生物异常死亡。死亡生物有车螺、花蟹、青蟹、沙虫、石斑鱼、象鼻螺、蛏、扇贝、海蜇等。

对涠洲岛扇贝养殖户的调查发现，涠洲岛南湾吊养的扇贝大量死亡，死亡率达 70% 以上，尚存活扇贝基本停止生长。

对钦州湾养殖户的调查发现，8 月有大量蚝苗死亡，死亡率达 30%；花蛤苗和象鼻蚌也出现大面积死亡；红虾捕捞量大大减少。

这些可能与溢油发生初期海水底层和沉积环境缺氧相关，结合溢油生物毒性试验分析，认为本次溢油对海洋浮游植物、浮游动物、鱼卵、仔稚鱼、游泳生物及蟹、虾、贝类等生物产生了不同程度的影响。

（二）涠洲岛原油对我国本土海洋生物的毒性实验

为准确评估涠洲岛石油平台原油泄漏引发的生态损害，我们委托中国环境科学研究院国家环境保护化学品生态效应与风险评估重点实验室对该种原油进行本土海洋生物的毒性测试，利用测试所获得的毒性数据推导该油品的水环境基准阈值，为生物（尤其是浮游动物）损害程度的确定提供科学依据和支持。

实验用的海水：采用市场购买的海水晶，按照说明书进行人工海水配制，依据受试生物的不同，调整配制的人工海水盐度。

原油溶液的母液制备：按原油与人工海水 1∶20 的体积比例混合，240 转/分搅拌 2 小时，水浴超声 4 小时，然后于玻璃烧杯中避光静置过夜；用胶皮管吸取下层水溶性组分（water-soluble fraction，WSF）作为母液，避光保存，使用前测定其浓度。试验过程中 WSF 浓度采用紫外分光光度法测定，具体步骤参照《GB/T 12763.4—2007 海洋调查规范第 4 部分：海水化学要素调查》的方法。经测定，经过如上处理获得的原油母液浓度为 79.97 毫克/升，各试验所需原油浓度经母液稀释获得。

根据美国环保局推荐的保护水生生物及其用途的水质基准技术指南推荐的技术方法，推导过程中对于受试生物的要求为至少包括八科水生动物及一种藻类或水生植物，八科动物具体如下：①脊索动物门的两个科；②不属于节肢动物门或脊索动物门的其他门的一个科；③糠虾科或对虾科；④除脊索动物门的三个其他科（可能包括糠虾科或对虾科，或上面没有用到的任何一个科）；⑤再增加任意一科。

基于以上原则，本实验选择在我国海域分布的卤虫、褶皱臂尾轮虫、太平洋纺锤水蚤、中国对虾、三疣梭子蟹、彩虹明樱蛤、牙鲆、半滑舌鳎进行原油对动物的毒性测试，选择海洋大扁藻进行原油对海洋植物的毒性测试。实验结果见表8-4。

表8-4　涠洲岛原油样品对海洋生物的急性毒性效应

敏感性排序	物种名称	试验条件 （水温、盐度、pH、光照）	暴露时间(时)	LC_{50}/EC_{50} （毫克/升）
1	海洋大扁藻	20 ℃，培养基	72	0.231
2	中国对虾（仔）	25 ℃，3%，pH=8.0，自然光照	96	0.31
3	三疣梭子蟹（仔）	25 ℃，2.5%，pH=8.0，自然光照	96	0.81
4	褶皱臂尾轮虫	25 ℃，2.5%，自然光照	48	2.37
5	太平洋纺锤水蚤	25 ℃，2.5%，pH=8.0，自然光照	48	4.88
6	半滑舌鳎（苗）	25 ℃，3%，自然光照	96	9.10
7	卤虫	25 ℃，2.5%，pH=8.0，自然光照	48	10.28
8	牙鲆（苗）	25 ℃，3%，pH=8.0，自然光照	96	19.02
9	彩虹明樱蛤	20 ℃，2.5%，pH=8.0，自然光照	96	65.88

采用美国基准推导方法，具体步骤如下：①根据试验结果，求得受试生物48小时的LC_{50}（或EC50）或96小时的LC_{50}（或EC_{50}）；②求种平均急性值SMAV，SMAV等于同一物种的LC_{50}（或EC_{50}）的几何平均值；③求属平均急性值GMAV，GMAV等于同一属的SMAV的几何平均值；④从高到低对GMAV排序；⑤对GMAV设定级别R，最低的为1，最高的为N；⑥计算每一个GMAV的权数$P=R/(N+1)$；⑦选择P最接近0.05的4个GMAV；⑧用选用的GMAV和P，利用式（1）至式（4）进行计算，即可得到FAV。

$$S^2 = \frac{\sum\left[(\ln GMAV)^2\right] - \left[\sum(\ln GMAV)\right]^2/4}{\sum P - \left(\sum\sqrt{P}\right)^2/4} \quad (1)$$

$$L = \left[\sum(\ln GMAV) - S\left(\sum\sqrt{P}\right)\right]/4 \quad (2)$$

$$A = S\sqrt{0.05} + L \qquad\qquad (3)$$
$$FAV = \mathrm{e}^A \qquad\qquad (4)$$

急性水质基准 $CMC = FAV/2$；慢性水质基准 $CCC = \min(FCV, FPV, FRV)$。其中，$FCV$ 推导过程同 FAV，当数据不足时，采用 $FCV = FAV/ACR$，ACR 为急性/慢性比，一般情况下默认为 10；FPV 为最小的植物毒性值；FRV 为最终残余值，对于具有高生物富集性的污染物需要考虑。

利用表 8 – 4 中序号为 2 ～ 9 的数据，计算获得 $FAV = 0.12$ 毫克/升，$CMC = 0.12/2 = 0.06$（毫克/升）。

由于原油的慢性毒性数据不足，故采用 ACR 法计算 FCV，ACR 值经由文献资料分析获得，采用的数值为 9.93。

$$FCV = FAV/ACR = 0.12/9.93 = 0.012（毫克／升）$$
$$CCC = \min(FCV, FPV) = \min(0.012, 0.231) = 0.012（毫克／升）$$

综上得到：涠洲岛原油污染物的急性海水质量基准阈值为 0.06 毫克/升，慢性海水质量基准阈值为 0.012 毫克/升。

（三）溢油生物损害程度

浮游动物（包括鱼卵、仔稚鱼）的损害：由生物毒性实验推导的急性海水质量基准阈值为 0.06 毫克/升，根据生物死亡率 P 的计算公式（姜晓娜，2010）：

$$P = 0.399 \int_{-\infty}^{\lg C_0} \exp\left[-0.8745\,(x - \lg LC_{50})^2\right]\mathrm{d}x \times 100\%$$

得出死亡率 P 约为 75.14%（LC_{50} 为急性海水质量基准阈值 0.06 毫克/升，C_0 为海水石油烃的饱和溶解度 4.551 毫克/升）。

鱼类（成体）的损害：一般地，成鱼的器官较为敏感，一旦嗅到油味，会很快地游离溢油水域，从而减少溢油对其产生的危害。因此，参考 SC/T 9110—2007 中关于成体生物损失率的估算，假设溢油事故发生初期鱼类的损失率为 20%。

三、典型生态系统损害对象和程度的确定

（一）红树林生态系统受损范围和程度

根据 2008 年 10 月对红树林的现场调查，并利用广西红树林资源，用 GIS 绘制北海市西部海岸溢油影响红树林斑块图、钦州市和防城港海岸溢油影响红树林斑块图。根据斑块图得知：本次溢油事故导致受污染红树林面积为北海 566.6 万平方米，钦州市 290.4 万平方米，防城港市 303 万平方米，合计 1160 万平方米。

选取红树林大型底栖动物密度作为指标，衡量红树林生态系统受损程度。在受污染区域设置 8 个监测断面 24 个站位，于 2008 年 10 月对红树林大型底栖动物密度及生物多样性进行现场采样调查，所得数据与 2007 年 10 月调查数据进行对比分析，详见表 8－5 和表 8－6。

表 8－5　不同时期广西红树林大型底栖动物的密度比较

断面	站位	2007 年 10 月 密度（个/平方米）	2008 年 10 月 密度（个/平方米）	密度变化率（%）	断面	站位	2007 年 10 月 密度（个/平方米）	2008 年 10 月 密度（个/平方米）	密度变化率（%）
竹山 M1	M1－1	116	80	－31.03	大埔口 M4	M4－1	204	156	－23.53
	M1－2	144	108	－25.00		M4－2	296	204	－31.08
	M1－3	144	104	－27.78		M4－3	180	388	115.56
石角 M3	M3－1	72	48	－33.33	沙环 M5	M5－1	68	24	－64.71
	M3－2	116	40	－65.52		M5－2	60	36	－40.00
	M3－3	260	172	－33.85		M5－3	44	64	45.45

续表 8 - 5

断面	站位	2007 年 10 月 密度 (个/平方米)	2008 年 10 月 密度 (个/平方米)	密度 变化率 (%)	断面	站位	2007 年 10 月 密度 (个/平方米)	2008 年 10 月 密度 (个/平方米)	密度 变化率 (%)
东江口 M7	M7 - 1	60	36	- 40.00	榄子根 M10	M10 - 1	252	148	- 41.27
	M7 - 2	96	76	- 20.83		M10 - 2	316	348	10.13
	M7 - 3	84	52	- 38.10		M10 - 3	180	140	- 22.22
草头村 M9	M9 - 1	112	88	- 21.43	英罗 M12	M12 - 1	40	76	90.00
	M9 - 2	204	108	- 47.06		M12 - 2	76	124	63.16
	M9 - 3	100	76	- 24.00		M12 - 3	80	164	105.00

表 8 - 6　广西红树林大型底栖动物群落生物多样性指数变化

断面	站位	林带	2007 年 10 月			2008 年 10 月		
			多样性指数	优势度	均匀度	多样性指数	优势度	均匀度
竹山 M1	M1 - 1	向陆林带	1.927	1.029	0.745	3.146	2.082	0.947
	M1 - 2	中间林带	2.732	0.365	0.911	2.750	1.682	0.867
	M1 - 3	向海林带	2.457	0.354	0.875	3.383	2.340	0.944
石角 M3	M3 - 1	向陆林带	2.441	0.439	0.870	2.126	1.395	0.822
	M3 - 2	中间林带	2.570	0.441	0.857	2.446	1.505	0.946
	M3 - 3	向海林带	2.210	0.996	0.787	1.005	0.921	0.389
大埇口 M4	M4 - 1	向陆林带	1.878	1.763	0.543	2.657	1.703	0.800
	M4 - 2	中间林带	1.594	1.610	0.461	2.068	1.587	0.622
	M4 - 3	向海林带	2.154	2.003	0.601	1.133	1.364	0.341

海洋溢油生态损害赔偿技术与实践

续表 8 - 6

断面	站位	林带	2007 年 10 月			2008 年 10 月		
			多样性指数	优势度	均匀度	多样性指数	优势度	均匀度
沙环 M5	M5 - 1	向陆林带	2.705	1.957	0.853	1.459	0.774	0.921
	M5 - 2	中间林带	2.740	0.536	0.976	2.113	1.262	0.910
	M5 - 3	向海林带	2.914	2.203	0.971	1.674	1.000	0.721
东江口 M7	M7 - 1	向陆林带	2.013	1.024	0.867	1.880	1.262	0.810
	M7 - 2	中间林带	1.980	0.872	0.853	2.039	1.177	0.789
	M7 - 3	向海林带	2.398	1.138	0.928	2.719	1.892	0.906
草头村 M9	M9 - 1	向陆林带	2.824	1.664	0.891	0.267	0.224	0.267
	M9 - 2	中间林带	1.513	1.587	0.455	0.871	0.421	0.550
	M9 - 3	向海林带	1.924	1.507	0.641	1.337	0.942	0.576
榄子根 M10	M10 - 1	向陆林带	2.734	1.673	0.790	2.521	1.728	0.759
	M10 - 2	中间林带	2.160	2.221	0.553	1.299	1.242	0.410
	M10 - 3	向海林带	2.891	2.003	0.806	2.833	1.755	0.853
英罗 M12	M12 - 1	向陆林带	2.322	1.505	0.898	2.550	1.177	0.986
	M12 - 2	中间林带	2.234	0.942	0.962	2.672	1.413	0.891
	M12 - 3	向海林带	2.664	1.620	0.888	2.974	1.867	0.860

　　由表 8 - 6 可知，8 个断面大型底栖动物多样性指数变化不一致，多数呈下降趋势，但有个别处于增长态势，如竹山断面和英罗断面。但这并不表示该断面没有受到溢油污染，因为在有些污染情况下，多样性指数反而升高，如美国罗德岛大学生态研究中心用 MERL 进行实验，发现油污组底栖生物的多样性指数反而高于对照组（Proffitt，1995）。韦受庆（1993）对广西山口红树林保护区大型底栖动物的研究显示，英罗港大型底栖动物的年平均密度为 301.33 个/平方米。因此，综合来看，本次溢油事故导致红树林大型底栖动物多样性水平有所下降。
　　由此，剔除表 8 - 5 中英罗断面数据，采用榄子根断面的底栖动物

186

密度代替山口红树林保护区大型底栖动物密度进行计算，得出溢油导致的红树林大型底栖动物密度平均减少22%，故溢油导致红树林生态服务功能损失为22%。

（二）　珊瑚礁生态系统受损范围和程度

根据油污影响的岸段调查资料，采用 GPS 定位数据，以 ArcGIS 辅助成图，确定涠洲岛珊瑚礁区域油污漂浮影响范围为 12.25 平方千米。于 2008 年 10 月对涠洲岛珊瑚礁生态区的 10 个断面进行水下录像、照片拍摄，判读活硬珊瑚覆盖度、珊瑚白化率等情况（表 8 - 7）。

表 8 - 7　涠洲岛珊瑚礁断面调查结果

断面	活硬珊瑚覆盖度（%）			白化比率（%）		
	2008 年 10 月	2007 年秋	变化量	2008 年 10 月	2007 年秋	变化量
W11C	0	5	-5	0	0	0
W12b	0	18	-18	0	1	-1
W21C	8	5	+3	2	1	+1
W22a	4	14	-10	4	3	+1
W3b	4	16	-12	5	5	0
W4b	0	8	-8	0	0.5	-0.5
W51b	4	16	-12	2	1	+1
W52a	40	34	+6	8	3	+5
W61b	35	45	-10	5	1	+4
W62a	22	30	-8	5	2	+3

由表 8 - 7 可以看出，在 2008 年，活硬珊瑚覆盖度较 2007 年秋季平均下降 7.4%，白化率较 2007 年上升 1.35%。根据 HEA 建议，选取活硬珊瑚覆盖度作为指标，衡量珊瑚礁生态系统受损程度，即珊瑚礁生态系统服务功能损失为 7.4%。

（三）海草床生态系统受损范围和程度

根据 2008 年 10 月对广西沿海 7 个海草床断面的采样调查结果，未发现油污残留于海草床，溢油未漂经海草床主要海域，过油的零星海草区域约 0.05 平方千米。

拟采用直立茎密度作为量化海草床受损生境和修复生境服务的指标，不仅易于测量，也是植物覆盖率的重要代表性指标。因此，对 5 个断面进行直立茎密度调查，将调查数据与溢油前的 5 月进行对比（表 8 - 8），发现 5 个断面的海草床直立茎密度均呈下降趋势，尤其是 S3 北海山寮、S5 防城港斑埃和 S7 北海竹林三个海草床下降最为明显，5 个断面海草床直立茎密度平均下降 53.63%，故本次溢油事故导致的海草床生态服务功能损失约为 54%。

表 8 - 8　海草床断面调查比对结果

断面编号及地名	样带	直立茎密度（个/平方米）		直立茎密度变化（个/平方米）	变化率（%）
		2008 年 10 月	2008 年 5 月		
S2 北海沙背	近陆带 A	965.116	572.958	—	—
	中间带 B	0.000	31.831	—	—
	近海带 C	774.130	1421.785	—	—
	平均	579.749	675.525	− 95.776	− 14.18
S3 北海山寮	近陆带 A	0.000	1187.933	—	—
	中间带 B	0.000	2217.985	—	—
	近海带 C	105.679	1931.506	—	—
	平均	35.226	1779.142	− 1743.916	− 98.02
S4 防城港交东	近陆带 A	996.947	0.000	—	—
	中间带 B	6238.879	7247.286	—	—
	近海带 C	0.000	763.944	—	—
	平均	2411.942	2670.410	− 258.468	− 9.68

续表 8-8

断面编号及地名	样带	直立茎密度（个/平方米）		直立茎密度变化（个/平方米）	变化率（%）
		2008 年 10 月	2008 年 5 月		
S5 防城港斑埃	近陆带 A	2429.343	0.000	—	—
	中间带 B	85.307	6502.440	—	—
	近海带 C	0.000	233.003	—	—
	平均	838.217	2245.148	-1406.931	-62.67
S7 北海竹林	近陆带 A	992.725	402.763	—	—
	中间带 B	0.000	1985.450	—	—
	近海带 C	119.127	3851.773	—	—
	平均	340.617	2079.995	-1739.378	-83.62

第三节 海洋溢油造成的生态系统服务价值损失评估

海洋溢油造成的生态系统服务价值损失评估包括供给服务价值损失评估、调节服务价值损失评估、支持服务价值损失评估、文化服务价值损失评估及生态系统服务价值总损失。

一、供给服务价值损失核算

（一）生物资源供给损失

浮游植物损失：根据 2008 年 10 月调查数据，钦州、防城港海区浮游植物细胞密度平均为 11804.17×10^4 个/立方米，北海南部海区平均为 6388.52×10^4 个/立方米，涸洲岛海区平均为 2645.32×10^4 个/立方米。3 个海区的浮游植物细胞密度平均为 6946×10^4 个/立方米，平均分配到 0.5 米深的水里。受损程度参考"塔斯曼海"溢油事故，拟设为 40%。受影响区域面积根据油膜漂移数值模拟结果，以最大包络面积 7272. 76 平方千米计。

单个细胞的平均鲜重参照孙军等对中国近海 87 种常见浮游植物细胞鲜重的计算，并结合 2008 年 10 月调查中主要优势种和常见种，以平均鲜重值代入计算（表 8 - 9），得出浮游植物损失量 $C_1 = 40\% \times 0.5 \times 6946 \times 10^4 \times 7272.76 \times 10^6 \times 10563.3 \times 10^{-18} = 1067.24 (吨)$。

表 8 - 9　2008 年调查海域浮游植物主要种及单个细胞鲜重值

种名	单个细胞鲜重/皮克
透明辐杆藻（*Bacteriastrum hyalinum*）	11499.0
旋链角毛藻（*Chaetoceros curvisetus*）	7480.0
洛氏角毛藻（*Chaetoceros lorenzianus*）	48207.5
丹麦细柱藻（*Leptocylindrus danicus*）	6954.2
尖刺伪菱形藻（*Psueudonitzschia pungens*）	4746.5
根管藻（*Rhizosolenia* spp.）	7198.4
中肋骨条藻（*Skeletonema costatum*）	141.5
佛氏海毛藻（*Thalassiothrix frauenfeldii*）	6935.5
菱形海线藻（*Thalassionema nitzschioides*）	1907.4
单个细胞平均鲜重值	10563.3

将其转化成经济物种损失量。参考陈作志等（2010）对南海北部地区生态系统食物网能量流动的研究，认为初级生产者能流效率为 12.6%，牧食食物链为浮游植物—浮游动物—小型鱼类—渔业和食用鱼类，故经济物种损失是 W_1 为 2.13 吨。

浮游动物损失：根据 2008 年 10 月的调查，涠洲岛海域浮游动物生物量为 568.7 毫克/立方米，平均分配到 0.5 米深的水里，死亡率为 75.14%。根据溶解油扩散模拟结果，溶解油含量大于 0.06 毫克/立方分米的最大包络面积为 107.69 平方千米。得出浮游动物损失量 $C_2 = 75.14\% \times 0.5 \times 568.7 \times 107.69 \times 10^6 \times 10^{-9} = 23.01 (吨)$。转化成经济物种损失量 $W_2 = C_2 \times 12.6\% \times 12.6\% = 0.37 (吨)$。

鱼卵、仔稚鱼损失：根据 2008 年 10 月的调查，涠洲岛海域鱼卵、

仔稚鱼数量分别为 83.5×10^{-2} 个/立方米和 220.5×10^{-2} 个/立方米，平均分配到 0.5 米深的水里，死亡率与浮游动物相同，均为 75.14%。得出鱼卵损失量 $C_3=75.14\%\times0.5\times83.5\times10^{-2}\times107.69\times10^6=3.38\times10^7$（个），仔稚鱼损失量 $C_4=75.14\%\times0.5\times220.5\times10^{-2}\times107.69\times10^6=8.92\times10^7$（个）。

鱼卵生成到商品鱼苗的成活率为 1%，仔稚鱼生成到商品鱼苗的成活率为 5%，故折算后商品鱼苗的损失为 $3.38\times10^5+4.46\times10^6=47.98\times10^5$（个）。

根据广西壮族自治区水产畜牧医局"2004—2008 年广西沿海增殖放流情况统计表"和"北海市渔业苗种近三年平均价格一览表"，当地主要渔业苗种的平均价格为 0.46 元/尾。故鱼卵、仔稚鱼损失 $M_1=0.46\times47.98\times10^5\times10^{-4}=220.71$（万元）。

鱼类损失：北部湾捕捞的主要经济鱼类有金线鱼、蛇鲻、蓝圆鲹、带鱼、二长棘鲷，它们下半年的平均渔获量约占下半年总渔获量的 61.5%。8 月份的平均渔获量分别为 20 千克/（网·时）、20 千克/（网·时）、420.4 千克/（网·时）、100 千克/（网·时）、89.1 千克/（网·时），其余种类渔获量为 406.6 千克/（网·时）。参考《渔业污染事故经济损失计算方法》（GB/T 21678—2008）对拖网渔业资源密度的计算，网具取样面积为 0.150 平方千米/（网·时），网具捕获率为 0.5，溢油海域 2008 年 8 月主要经济鱼类金线鱼、蛇鲻、蓝圆鲹、带鱼、二长棘鲷的平均渔业密度分别为 266.7 千克/平方千米、266.7 千克/平方千米、5605.3 千克/平方千米、1333.3 千克/平方千米、1188.0 千克/平方千米，其余种类密度为 5421.3 千克/平方千米。损失率为 20%。溶解油大于 0.05 毫克/立方分米最大包络面积约 143.64 平方千米。得出损失量 $C_5=20\%\times(266.7+266.7+5605.3+1333.3+1188.0+5421.3)\times143.64=4.05\times10^5$（千克）。

这些经济种的平均市场价格分别为 14 元/千克、6 元/千克、14 元/千克、12 元/千克、8 元/千克。另根据 2004—2007 年广西渔业统计资料，广西沿海捕捞产品多年平均价格约 5.574 元/千克，即其余种类平均市场价格为 5.574 元/千克。得出鱼类资源经济损失 $M_2=20\%\times(266.7\times14+266.7\times6+5605.3\times14+1333.3\times12+1188.0\times8+5421.3\times5.574)\times143.64\times10^{-4}=400.84$（万元）。

浮游植物和浮游动物折算后的经济损失 M_3 = （2.13 + 0.37）× 10^3 × 5.574 × 10^{-4} = 1.40（万元）。

因此，总生物资源损失约为 $M_1 + M_2 + M_3$ = 220.71 + 400.84 + 1.40 = 622.95（万元）。

参考 SCT 9110—2007，一次性生物资源损失补偿为一次性损害额的 3 倍，故补偿额为 3 × 622.95 = 1868.85（万元）。生物资源供给损失合计 2491.80 万元。

（二）养殖生产损失

根据《涠洲岛溢油事件影响区域的社会经济活动状况调查及海域环境影响自查评估工作报告》，受此次溢油污染事件影响，海洋水产养殖和捕捞业直接损失统计数据约为 8337.42 万元，各地区统计数据见表 8-10。

表 8-10　广西壮族自治区水产养殖和捕捞业直接损失统计

（单位：万元）

项　　目	单　　位			合计
	北海市	钦州市	防城港市	
水产养殖直接损失	8207.32	50.10	80.00	8337.42

因此，供给服务总损失为 2491.80 + 8337.42 = 10829.22（万元）。

二、调节服务价值损失核算

（一）浮游植物气体调节损失

根据 2008 年 10 月 4—8 日的补充调查资料，溢油发生后的近 2 个月受严重影响污染海域初级生产力平均值约为每天每平方米有机碳522.2 毫克，污染影响时间为 8 月 20—23 日，约 3 天，溶解油含量超过0.05 毫克/立方分米的最大包络面积为 143.64 平方千米，浮游植物可产生的固定 C 量为 225 吨，损失为 34.12 万元。

（二）气候调节服务损失

污染影响时间为 8 月 20—23 日，约 3 天，污染海域初级生产力平均值约为每天每平方米有机碳 522.2 毫克，影响海域面积为 143.64 平方千米，损失为 32.36 万元。

（三）废弃物处理损失

损害水体体积：溶解态油污含量大于 0.05 毫克/升的海域面积约为 143.64 平方千米，表层水体 0.5 米，故需处理的水体体积为 71.82×10^6 立方米。

污水处理费用：根据有关资料，广西污水处理费收取标准为 0.8 元/吨，由于只是处理油类污染物，故按收费标准的 30%，即 0.24 元/吨估算，海水密度取 1.025×10^3 千克/立方米，故处理污水费用约为 1766.77 万元。

污水处理厂建设费用：根据广西壮族自治区建设委员会文件《关于北海红坎污水处理厂一期工程初步设计的批复》（桂建设字〔1996〕第 9 号），红坎污水处理厂一期工程采用一级处理深海排放工艺，日处理污水 10 万吨，主要建设厌氧池、缺氧池、微曝氧化沟和终沉池等，总投资 17293 万元，但处理后的污水未能达到国家污水综合排放标准。为此，红坎污水处理厂一期工程在一级处理的基础上，广西有关部门决定改造、新增部分污水处理厂建设构筑物，进行二级深化处理。根据《广西壮族自治区发展和改革委员会关于北海市红坎污水处理厂二级处理一期工程初步设计的批复》（桂发改投资〔2007〕841 号），红坎污水处理厂二级处理一期工程规模为污水处理能力 10 万吨/天（二级生化标准），尾水排放达到《城镇污水处理厂污染物排放标准》（GB 18918—2002）一级 B 标准，总投资 14159.34 万元。因此，北海红坎污水处理厂一期工程采用二级处理工艺，规模为 10 万吨/天，总投资为 31452.34 万元。

参照北海红坎污水处理厂一期工程的投资额，我们需要建设规模为

10万吨/天的污水处理厂，项目概算总投资31452.34万元。根据GB18918—2002规定，城镇污水处理厂必须执行基本控制项目，工艺应可以去除包括五日生化需氧量、化学需氧量、悬浮物、动植物油、石油类、总氮、总磷、氨氮、色度、pH、粪大肠菌群数等项。因所需处理的污水中主要污染物为石油类，因此，以10%为折算率，即投资额为3145.23万元。本次溢油事故造成的废弃物处理损失值为4912万元，调节服务总损失为4978.48万元。

三、支持服务价值损失核算

在溢油事故发生后，开展了油污清理及监测活动，共出动监视、监测、巡察人员和油污清理人员近3万人次，出动车船7000多次，行程20多万千米，共开支868.55万元。在清污结束后，采用菌剂原位修复方法对污染潮滩进行修复，共计花费973.60万元。故生境提供损失总计为1842.15万元。

四、文化服务价值损失核算

此次溢油事故导致北海涠洲岛旅游区被油污漂浮、影响的岸线总计长约10.35千米，其中重污染区岸线长约3.5千米，面积约10.5万平方米，主要分布在旅游景点鳄鱼岭、涠洲岛火山公园、滴水丹屏至石螺口、竹蔗寮海滩区域。在油污染发生期间，涠洲岛特有的火山地貌景观海蚀崖、海蚀台平面、岩石滩均被大面积或连片分布的石油覆盖，沙滩油污堆积，给涠洲岛旅游业带来一定影响。

据广西壮族自治区海洋局《涠洲岛溢油时间影响区域的社会经济活动状况调查及海域环境影响自查评估工作报告》统计，从2008年8月中旬至11月，广西壮族自治区滨海旅游业直接损失约520万元，其中，北海市约500万元，防城港市约20万元。

五、总生态服务价值损失核算

综上计算，本次涠洲岛溢油事故导致的生态系统服务价值损失总计

为 18169.85 万元。其中，供给服务损失 10829.22 万元、调节服务损失
4978.48 万元、支持服务损失 1842.15 万元、文化服务损失 520 万元
（表 8 –11）。由于资料有限，本案例未将养殖生产损失、捕捞损失及生
物多样性损失计算在内。

表 8 – 11　涠洲岛溢油事故生态系统服务价值损害

	供给服务损失			调节服务损失			支持服务损失		文化服务损失
	生物资源供给损失	养殖生产损失	捕捞生产损失	浮游植物气体调节损失	气候调节服务损失	废弃物处理服务损失	生物多样性维持损失	生境提供损失	
金额（万元）	2491.8	8337.42	—	34.12	32.36	4912	—	1842.15	520
合计（万元）	10829.22			4978.48			1842.15		520
总计（万元）	18169.85								

第四节　基于生态修复成本的海洋溢油生态损害评估

基于生态修复成本的海洋溢油生态损害评估包括海洋溢油清污费用
评估、生态修复费用评估、过渡性损失评估和重建替代工程费用评
估等。

一、清污费用

本次油污染初期应急处置从 2008 年 8 月 16 日至 11 月底，共出动
监视、监测、巡察人员和油污清理人员近 3 万人次，出动车船 7000 多
次，行程 20 多万千米，共开支 868.553 万元，具体见表 8 – 12。

表 8 - 12   涠洲岛海域溢油污染事件溢油初期应急处置工作费用评估

单　　　位	应急工作开支（万元）
北海市	554.3635
钦州市	56.894
防城港市	177.4365
山口红树林生态自然保护区	10.600
广西海事局	17.990
自治区环保局	48.180
自治区水产畜牧兽医站	3.089
总计	868.553

注：①表中数据来源于广西壮族自治区海洋局《涠洲岛溢油时间影响区域的社会经济活动状况调查及海域环境影响自查评估工作报告》；②溢油初期应急处置工作费用包括车船燃油机过路费、油污清理费、检测费、人员补助费、船票费、住宿费、租船费、实验药品、器材消耗等

二、生态修复费用

（一）潮滩及岸线修复费用

1. 基岩岸滩生境修复费用

根据南开大学多年研究实践，其实验的低温解烃菌效率经实验室确定，轻度污染区域需用菌剂 0.05 千克/平方米，严重污染区域需用菌剂 0.10 千克/平方米。根据调查统计，此次溢油造成的轻度污染区面积为 20.6 万平方米，重度污染区面积为 10.5 万平方米。每吨菌剂按 0.5 万元计算。因此，共需菌剂生产费用为 10.4 万元。原位修复费用以人员费、租车租船费、监测费等计算，见表 8 - 13。因此，基岩岸滩生境修复费用共计 335.60 万元。

表 8-13　基岩岸滩修复费用一览

项目	租车费	人员费用	监测费用
费用说明	以 120 天计（投放累积时间为每次 20 天，2 次，计 40 天；监测频率为 40 次，每次 2 天，计 80 天）；共 2 辆车，每辆每天 500 元计	高级人员 3 人，300 元/（天·人）；初级人员 6 人，200 元/（天·人）；以 120 天计	共布设监测点位 30 个，每个点位以 2 项监测要素计，每项平均 2000 元；监测频率 1 次/周，共 24 次
费用（万元）	12.00	25.20	288.00
总计（万元）	325.20		

2. 红树林岸滩生境修复费用

同上，根据调查统计，红树林Ⅰ类污染（轻污染）区域面积为 1160 万平方米，故菌剂生产费用为 290 万元；原位修复以人员费、租车租船费、监测费等计算，见表 8-14。因此，红树林岸滩生境修复费用共计 638.00 万元。

表 8-14　红树林岸滩修复费用一览

项目	租车费	人员费用	监测费用
费用说明	以 120 天计（投放累积时间为每次 20 天，2 次，计 40 天；监测频率为 40 次，每次 2 天，计 80 天）；共 3 辆车，每辆每天 500 元计	高级人员 5 人，300 元/（天·人）；初级人员 10 人，200 元/（天·人）；以 120 天计	共布设监测点位 30 个，每个点位以 2 项监测要素计，每项平均 2000 元；监测频率 1 次/周，共 24 次
费用（万元）	18.00	42.00	288.00
总计（万元）	348.00		

由此可得，潮滩及岸线的修复费用合计 973.60 万元。

（二） 海水水质的修复

海水水质修复成本计算方法见本章第三节第二小节"（三）废弃物处理损失"，按照该方法核算的本次溢油事故造成的海水水质修复费用为 4912 万元。

（三） 生物资源修复

1. 鱼卵、仔稚鱼的修复

鱼卵、仔稚鱼修复成本计算方法见本章第三节第一小节"（一）生物资源供给损失"，按照该方法核算的本次溢油事故造成的鱼卵、仔稚鱼修复费用为 220.71 万元。

2. 成鱼的修复

成鱼损失量及幼体购置费用见表 8－15。

表 8－15　幼体购置费

种类	损失数量 （千克）	存活率 （%）	需补充幼体 数量（千克）	单价 （元/千克）	金额 （万元）
金线鱼	5744.7	10	57447	16	91.92
蛇鲻	5744.7	10	57447	16	91.92
带鱼	28719.3	10	287193	16	459.51
蓝圆鲹	120738.2	10	1207382	16	1931.81
二长棘鲷	25589.5	10	255895	16	409.43
其他	116774.8	10	1167748	8	934.20
合计	—	—	—	—	3918.79

因此，本次溢油事故造成的海洋生物资源修复费用为 4139.50 万元。故生态修复费用合计 10025.10 万元。

三、过渡性损失核算

（一）红树林生态系统服务功能过渡性损失

根据上文分析，本次溢油事故导致的红树林生态服务功能损失为22%。修复结束后使其自然恢复，并对照何祥英 2012 年对北仑河口红树林大型底栖动物群落多样性研究，认为至 2012 年底，受油污染的北仑河口红树林底栖动物群落基本恢复正常，即本次受油污染红树林从 2009 年开始，在自然恢复状态下，经过 4 年恢复至原生态水平。

假设替代生境的修复工程于 2009 年开始，替代生境初始服务水平为 0，至 2013 年底替代生境生态服务功能达到最大水平，即基线水平，替代生境提供 20 年的服务期。带入 HEA 公式，假设恢复函数为线性函数，贴现率为 3%，得出：红树林受损生境贴现服务损失为 7.383 万元，替代生境单位面积贴现服务收益为 15.517 万元/平方千米。由此可以得出替代生境修复面积为 7.383/15.517 = 0.4758（平方千米），结合广西红树林生态系统平均单位公益价值 49.173 万元/（公顷·年），可以得出本次溢油事故导致红树林生态系统服务功能过渡性损失约为 0.4758 × 49.173 × 100 = 2339.65（万元）。

（二）珊瑚礁生态系统服务功能过渡性损失

根据上文分析，本次溢油事故导致珊瑚礁生态服务功能损失7.4%。由于涠洲岛珊瑚礁生态系统为自然保护区，受人为干扰较小，且损失不大，因此假设溢油导致的受损珊瑚礁生态系统在自然恢复状态下经过 5 年即可恢复至原生态水平，自然恢复开始于 2009 年。

同时，替代生境的修复工程也于 2009 年开始，替代生境初始服务水平为 0，至 2014 年底修复生境生态服务功能达到最大水平，即基线水平，替代生境提供 20 年的服务期，假设恢复函数为线性函数，贴现率为 3%，代入 HEA 公式，得出：珊瑚礁受损生境贴现服务损失为 3.031 万元，替代生境单位面积贴现服务收益为 15.537 万元/平方千米。由此可以得出替代生境修复面积为 3.031/15.537 = 0.195（平方千米）。结合珊瑚礁生态系统平均单位公益价值 47962 元/（公顷·年），可以得出本次溢油事故导致红树林生态系统服务功能过渡性损失约为 $0.195 \times 47962 \times 100 \times 10^{-4} = 93.53$（万元）。

（三）海草床生态系统服务功能过渡性损失

根据上文分析，本次溢油事故导致海草床生态服务功能损失 54%。根据文献资料（Elizabeth，2002；韩秋影，2007；许战洲，2009；范航清，2007），不同种属的海草其生长速度不同，恢复时间不同。因此，假设溢油导致的受损海草床生态系统在自然恢复状态下经过 3 年即可恢复至原生态水平，自然恢复开始于 2009 年，同年开始替代生境的修复工程。替代生境初始服务水平为 0，至 2012 年底修复生境生态服务功能达到最大水平，即基线水平，替代生境提供 20 年的服务期，假设恢复函数为线性函数，贴现率为 3%，代入 HEA 公式，得出：海草床受损生境贴现服务损失为 0.066 万元，替代生境单位面积贴现服务收益为 15.507 万元/平方千米。由此可以得出替代生境修复面积为 $0.066/15.507 = 4.256 \times 10^{-3}$（平方千米）。结合广西海草床生态系统平均单位公益价值 6.29×10^5 元/（公顷·年），可以得出本次溢油事故导致海草床生态系统服务过渡性损失约为 $4.256 \times 10^{-3} \times 6.29 \times 10^5 \times 100 \times 10^{-4} = 26.77$（万元）。

由此可以得出：本次溢油事故导致的典型生态系统服务功能过渡性损失总计约 2459.95 万元。

四、重建替代工程费用核算

根据 HEA 对补偿生境面积的计算，得出红树林需重建生境面积为 0.4785 平方千米，珊瑚礁需 0.195 平方千米，海草床需 4.256×10^{-3} 平方千米。相关费用依此逐一计算。

五、总价值损失核算

综上计算，本次溢油导致的损失共计 13353.603 万元。其中，清污费用 868.553 万元、修复费用 10025.10 万元、过渡性损失 2459.95 万元（表 8 - 16）。由于缺乏替代工程的相关数据，因此本案例没有将这部分损失计算在内。

表 8 - 16　基于生态修复的涠洲岛溢油事故生态家价值损害表

	清污费用	修复费用			过渡性损失			重建替代工程费用
		潮滩岸线修复费用	海水水质修复费用	生物资源修复费用	红树林过渡性损失	珊瑚礁过渡性损失	海草床过渡性损失	
金额（万元）	868.553	973.60	4912	4139.50	2339.65	93.53	26.77	—
合计（万元）	13353.603							

（严晋之　陈慧娴）

第九章　渤海石油开采平台溢油事故生态损害赔偿案例

第一节　渤海石油开采平台溢油事故生态损害评估概况

2011 年 6 月 4 日和 17 日，"蓬莱 19 - 3"油田相继发生 B 平台附近海底溢油和 C 平台 C20 井井涌侧漏溢油事故，康菲石油中国有限公司（以下简称"康菲公司"）为该油田的作业者，事故造成大量原油和油基泥浆入海。

通过现场综合调查、历史资料收集，利用卫星遥感、航空遥感、船舶监视监测、溢油雷达监视、油指纹鉴定，以及溢油漂移扩散数值模拟等技术和手段开展损害调查与评估工作，评估"蓬莱 19 - 3"油田溢油造成的海洋生态损害的对象、范围与程度，估算本次溢油事故造成的海洋生态损害价值。

本次溢油油品性质为原油，属于持久性油类，发生海域类型为远岸海域，溢油扩散范围大于 1000 平方千米。根据表 7 - 7，确定本次溢油损害评估工作等级为 1 级。

根据表 7 - 8，确定本次溢油损害评估必须评估项目为海洋生态服务功能损失、环境容量损失，选择性评估项目为生境修复及生物种群恢复。

评估范围：本次溢油事故海洋生态环境损害评估覆盖整个渤海及其岸线，重点评估区域为：

（1）重点岸滩：辽宁绥中—河北秦皇岛—唐山岸滩。

（2）重点海域：上述岸段与蓬莱及渤海海峡之间的海域。

区域界定：油田周边海域。以"蓬莱 19 - 3"油田为中心，面积约 1600 平方千米的矩形海域。

第二节　海洋溢油生态损害调查与溢油源诊断

海洋生态环境损害调查工作采用了卫星遥感、航空遥感、船舶监视监测、陆岸巡视监测、溢油雷达监视等综合监视监测技术手段，获取了大量的数据与信息，结合油指纹鉴定和溢油漂移扩散数值模拟工作，开展了海洋溢油生态损害调查。

一、遥感监测

国家海洋局北海预报中心于2011年6月5日—12月31日共接收解译卫星数据215景，卫星监测资料来源包括 ENVISAT、RADARSAT 和 COSMO 系列卫星。监测中所用卫星数据 SAR 影像的技术指标见表9-1。

表9-1　三种 SAR 影像技术指标

数据源	极化	分辨率（米）	幅宽	备注
RADARSAT	VV	50	300 千米×300 千米	加拿大太空署与 MDA 公司
ENVISAT	VV	150	400 千米×400 千米	欧空局
COSMO-SkyMed	VV	3	40 千米×40 千米	意大利

中国海监北海航空支队在2011年6月12日—12月31日期间开展了溢油航空遥感监测。溢油航空遥感监测负责观测海面油膜位置、范围、颜色等油膜分布状况，并拍摄、录制重要时段溢油污染海域海面油膜分布图像资料。海面油膜颜色厚度监测执行《海洋溢油生态损害评估技术导则》（HY/T 095—2007）。

自2011年8月19日起，利用安装于"蓬莱19-3"油田 B 平台的 X 波段雷达溢油监视系统，开展平台周边3.5千米半径范围内海域的全天候溢油监视。该系统实现溢油自动报警、获取溢油信息（溢油位置、范围、面积、漂移等），以及相关的海洋水文、气象及原始图像等各类数据资料，平均每天获取各类雷达数据约 1.55 吉字节，用以制作雷达监视信息快报。

二、船舶监视监测

2011 年 6 月 9 日—12 月 31 日间开展了溢油应急监视监测和海洋生态环境影响综合监测。基于船舶监视监测结果，分时段进行了溢油对海洋生态环境影响评价。监测与分析方法执行《海洋监测规范》（GB 17378—2007）、《海洋调查规范》（GB/T 12763—2007）。

环渤海大连、秦皇岛、天津、烟台海洋环境监测中心站，中国海监二、三支队和地方海洋行政管理机构开展渤海沿海岸滩陆岸巡视和溢油影响监视监测，并依据油指纹鉴定结论，对确定受"蓬莱 19-3"油田溢油影响的辽宁省绥中东戴河、河北省唐山浅水湾、秦皇岛昌黎黄金海岸等所在岸滩，开展海洋环境影响应急监测。

三、溢油源诊断

（一）油指纹鉴定

依据国家标准《海面鉴别溢油系统规范》（GB/T 21247—2007），开展"蓬莱 19-3"油田溢油样品的采集、运输、保存、交接、分析、鉴定工作。2011 年 6 月 9 日—12 月 31 日，在北海监测中心分析鉴定的溢油样品中，国家海洋局秦皇岛海洋环境监测中心站、国家海洋局大连海洋环境监测中心站、康菲公司、唐山乐洋水产有限公司等单位送检及北海监测中心工作人员自采的 64 个溢油样品与"蓬莱 19-3"油田 B 平台附近海底溢油源或 C 平台溢油源样品油指纹一致，其中海面溢油样品 21 个，海底含油沉积物样品 34 个，岸滩溢油样品 9 个。

2011 年 6 月 9 日，在"蓬莱 19-3"油田 B 平台附近海底溢油点采集溢油样品 1 个，命名为"Y20110610"（即"蓬莱 19-3"油田 B 平台附近海底溢油源样品）；2011 年 6 月 17 日，在"蓬莱 19-3"油田 C 平台采集 C 平台井涌溢油样品 1 个，编号为"Y2011061804"（即"蓬莱 19-3"油田 C 平台溢油源样品）。"蓬莱 19-3"油田 B 平台附近海底溢油样品与"蓬莱 19 – 3"油田 C 平台溢油均以重质原油为主，正构烷烃含量极低，"蓬莱 19 – 3"油田 C 平台溢油为重质原油和油基泥浆的混合物；从 $m/z = 191$ 质量色谱图上可以看出，两个溢油样品均含有明显的降解特征产物 $17\beta(H)$，$21\alpha(H) – 25 –$ 降藿烷（C25 – 降藿烷），"蓬莱 19 – 3"油田 C 平台溢油中 C25 – 降藿烷明显高于"蓬莱 19 – 3"油田 B 平台附近海底溢油样品，这是"蓬莱 19 – 3"油田 B、C 平台溢油样品的最典型区别。

（二）溢油样品与溢油源样品鉴定示例

将从渤海海面、岸滩上采集到的溢油样品与"蓬莱 19 – 3"油田 B 平台附近海底和 C 平台溢油源样品进行谱图比对，以采自"蓬莱 19 – 3"油田 B 平台附近海域的海面溢油样品"Y2011061801"和采自唐山浅水湾岸滩溢油样品"Y2011071501"为例进行对比。

比较的两个溢油样品分别与"蓬莱 19 – 3"油田 B 平台附近、C 平台海底溢油源样品具备同样的指纹特征，包括正构烷烃缺失、甾萜烷分布、多环芳烃分布等，尤其是甾萜烷分布和 C25 – 降藿烷丰度的高度一致性。

根据《海面溢油鉴别系统规范》（GB/T 21247—2007），判定两个油样指纹一致的谱图比对结果应为"溢油样品与可疑溢油源样品的原始指纹（包括气相色谱图、质量色谱图）、正构烷烃及姥鲛烷和植烷、多环芳烃、甾、萜烷类生物标志化合物的分布实质上是一致的，有差异是由风化或分析误差引起的"，溢油样品的比对结果完全符合上述标准，在稳定的甾萜烷谱图中，观察不到差异存在。在总离子流色谱图（total ion chromatography，TIC）、多环芳烃谱图比对中，可以观察到溢油样品风化程度不同，如采自唐山浅水湾岸滩溢油样品"Y2011071501"中的轻质芳烃组分受到了风化影响。

为进一步确认溢油样品间的一致性，计算了其诊断比值，采用《海面溢油鉴别系统规范》（GB/T 21247—2007）规定的重复性限法进行诊断比值的统计分析比较。

诊断比值比较结果见图 9 – 1 和图 9 – 2。

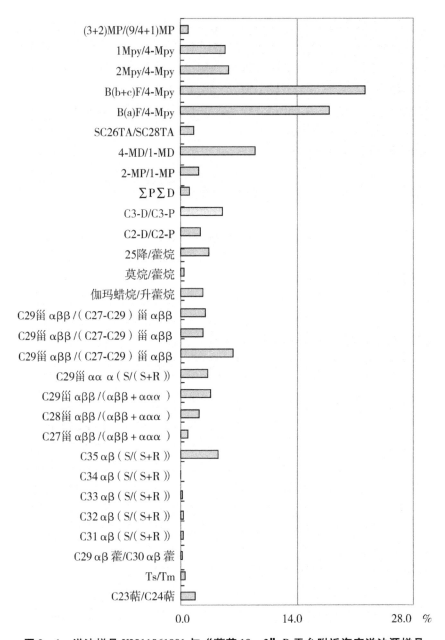

图 9 – 1　溢油样品 Y2011061801 与"蓬莱 19 – 3"B 平台附近海底溢油源样品诊断比值比较

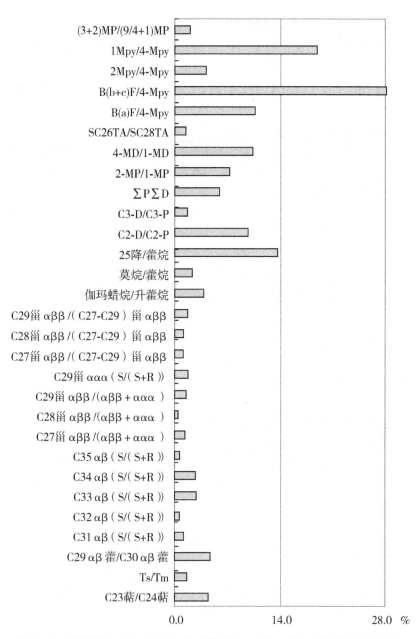

图 9 - 2　溢油样品 Y2011071701 与 "蓬莱 19 - 3" C 平台溢油源样品诊断比值比较

从图9-1、图9-2可以看出，几乎所有的甾、萜烷相关诊断比值相对差值均小于14%，部分多环芳烃比值超出14%，如B（a）F/4-Mpy、B（b＋c）F/4-Mpy、1Mpy/4-Mpy。风化试验证明，B（a）F、1Mpy、4-MD易受到风化影响，特别是易受到光降解影响，其诊断比值差异是由风化造成的。

综上所述，溢油样品的原始指纹［包括总离子流色谱图（TIC）、质量色谱图］、正构烷烃及姥鲛烷和植烷、多环芳烃、甾、萜烷类生物标志化合物的分布实质上是一致的，差异是由风化引起的，符合油指纹一致性的鉴定标准。

（三）油指纹鉴定结论

2011年6月9日—12月31日，经北海监测中心油指纹鉴定，共64个采自"蓬莱19-3"油田及西北部海域、岸滩、沉积物的溢油样品与"蓬莱19-3"油田B平台附近海底溢油源或C平台溢油源样品油指纹一致，其中海面溢油样品21个、海底含油沉积物样品34个、岸滩溢油样品9个。

1. 海面溢油样品油指纹鉴定结果

经油指纹分析鉴定，2011年6月9日—8月12日在"蓬莱19-3"油田B平台溢油点附近海域采集的7个海上漂油样品与"蓬莱19-3"油田B平台附近海底溢油源样品油指纹一致。

2011年6月17日—8月15日在"蓬莱19-3"油田C平台附近及北部海域采集的14个海上漂油样品与"蓬莱19-3"油田C平台溢油源样品油指纹一致。

2. 海底含油沉积物样品油指纹鉴定结果

2011年6月20日—7月29日，在"蓬莱19-3"油田B、C平台附近海底采集的34个，3个样品与"蓬莱19-3"油田B平台附近海底溢油源样品一致，其他31个样品与C平台溢油源样品油指纹一致。

3. 岸滩溢油样品油指纹鉴定结果

2011年7月14—23日在辽宁省绥中东戴河、河北省唐山浅水湾、秦皇岛昌黎黄金海岸等岸滩采集的7个溢油样品中，5个与"蓬莱19-3"油田B平台附近海底溢油源样品油指纹一致，1个溢油样品与

"蓬莱 19-3" 油田 C 平台溢油源样品油指纹一致，1 个溢油样品是与 "蓬莱 19-3" 油田 B 平台和 C 平台溢油源样品油指纹一致的混合样。

唐山乐洋水产有限公司于 2011 年 7 月 18 日在大清河盐场南虾场、参场采集的 2 个溢油样品中，1 个与 "蓬莱 19-3" 油田 B 平台附近海底溢油源样品油指纹一致，1 个与 "蓬莱 19-3" 油田 C 平台溢油源样品油指纹一致。

四、卫星遥感监测海面油膜扩散

利用 2011 年 6 月 5 日—12 月 31 日接受解译的 215 景卫星数据，确定海面油膜的扩散趋势。将整个时间段分为五个阶段。

（1）第一阶段为 2011 年 6 月 5—16 日，此阶段内仅 B 平台发生溢油事故。2011 年 6 月 5 日，溢油扩散范围较小，向西北方向扩散；6 月 11 日和 6 月 13 日，油膜继续向西北扩散，分布范围明显增大；6 月 14 日，油膜向东北偏移；6 月 15—16 日，油膜在往复流带动下在油田西北部海域往复漂移扩散。

（2）第二阶段为 2011 年 6 月 17—30 日，此阶段内 C 平台发生溢油事故，B 平台的溢油仍在溢出。2011 年 6 月 18 日外边缘线显示，C 平台溢油溢出后快速向西北方向漂移；之后在油田西北部海域往复漂移并继续向西北和偏北方向漂移扩散；6 月 22 日卫星遥感监测海面油膜到达京唐港外 85 千米左右（119°55′E，38°52′N）。

（3）第三阶段为 2011 年 7 月 1 日—8 月 31 日，此阶段内海面油膜较少，集中在油田附近海域，油膜逐月减少。

（4）第四阶段为 2011 年 9 月 1 日—10 月 31 日，此阶段内海面油膜很少，集中在油田附近海域，油膜逐月减少。范围比第三阶段小很多。

（5）第五阶段为 2011 年 11 月 1 日—12 月 31 日，此阶段内海面油膜很少，集中在油田附近海域，范围比第四阶段小很多。该阶段内仅于 11 月 14 日监测到油膜。

在消油剂、波浪等作用下，在较短的时间内海面大面积油膜明显消失，进入水体、沉积物和挥发到大气中，但是溢油重质组分凝聚成较小块状油污（通常是直径小于 15 厘米的焦油球）漂浮于海面或悬浮在海水中，并在水动力和风的作用下抵达岸边。受卫星遥感分辨率（本次"蓬莱19–3"油田溢油卫星遥感监测使用的意大利 COSMO-SkyMed 系列卫星，其最高分辨率为3米）的限制，这种较小油污无法监测。卫星遥感无法监测到河北和辽宁近岸海域以较小块状形式存在的油污。

第三节　溢油海洋生态损害对象及程度的确定

根据卫星遥感、航空遥感、船舶监视监测、溢油雷达监视、陆岸巡视监测、油指纹鉴定和溢油漂移扩散数值模拟结果，确定本次溢油的海洋生态损害对象为海水、海洋沉积物、岸滩及环境敏感区、海洋生物。

一、海水环境损害

"蓬莱19–3"油田溢油事故主要影响海域位于渤海中部，依据《全国海洋功能区划》（2002年），该海域主要功能为矿产资源利用和渔业资源利用。依据《海洋功能区划技术导则》（GB/T 17108—2006）海洋功能区环境保护要求，油气区海水环境质量要维持现状，"蓬莱19–3"油田海水石油类浓度背景值符合第一类海水质量标准。渔业资源利用区执行第一类海水水质标准。因此，本章渤海中部海域水质环境评价执行第一类海水水质标准。

另外，本次溢油事故已经影响辽宁（绥中）和河北（秦皇岛、唐山）部分近岸海域，可能影响莱州湾及山东近岸海域、渤海湾及天津、河北（沧州）近岸海域、辽东湾及辽宁近岸海域。依据海洋功能区划，这些区域的主要功能区有养殖区、保护区、度假旅游区等，因此该区域近岸海域的评价标准执行第一类或第二类海水水质标准。

本书污染海域是指海水石油类浓度超过评价标准的海域，影响海域是指海水石油类浓度超过背景值的海域。

（一）确定污染范围

将油膜覆盖范围和海水石油类浓度大于50微克/升的范围叠加，得出污染范围。

(二) 确定油膜覆盖范围

通过卫星遥感解译，提取"蓬莱19－3"油田溢油事故后该海域每日溢油的油膜覆盖范围，得出单日监测的油膜覆盖范围。将某一阶段监测的所有单日油膜覆盖范围叠加，得出该阶段监测的油膜覆盖范围。计算中，同一地点不重复累加。

(三) 确定海水石油类浓度大于 50 微克/升的范围

利用船舶监测数据，采用 Kriging 插值法，确定每个阶段海水石油类浓度大于 50 微克/升的范围，将所有阶段大于 50 微克/升的范围叠加，得出"蓬莱19－3"油田溢油事故造成的海水石油类浓度大于 50 微克/升的分布范围。计算中，同一地点不重复累加。

(四) 海水石油类浓度背景值的确定

选择国家海洋局在渤海中部海域与监测海域同区域的监测站位 2003—2011 年监测的数据，并进行统计分析，该海域石油类浓度变化范围为 8.84 ～ 37.6 微克/升，均值为 25.0 微克/升，特别地，近 3 年内浓度值为 20 ～ 30 微克/升，没有较大的波动，变化较为平稳。因此本章背景值数据选取近 3 年数据进行统计。

海区划分：8 月底之前，评价范围主要包括渤海中部海域和辽宁 (绥中)、河北 (秦皇岛、唐山) 海域，8 月之后评价海域包括整个渤海。根据近 3 年渤海海域石油类浓度分布、趋势变化情况及溢油生态损害评估调查监测情况，将整个评价范围分为 7 个海区，分别为渤海中部、河北 (秦皇岛、唐山) 近岸、辽东湾1、辽东湾2、渤海湾、莱州湾、复州湾。

1. 重点区域

(1) 渤海中部海域背景值用于评估"蓬莱19－3"油田溢油事故对该区域海洋环境影响，背景值数据选取该海域内 2008—2010 年 5 月、

8月同季节数据进行计算，背景值为（24.2±11.2）微克/升。

（2）河北（秦皇岛、唐山）近岸背景值用于评估"蓬莱19-3"油田溢油事故对该区域海洋环境影响，背景值数据选取该海域内2010年5月、8月、10月的监测数据及2011年5月的监测数据计算，背景值为（27.3±7.2）微克/升。

2. 其他区域

辽东湾1、辽东湾2、渤海湾、莱州湾、复州湾等6个海域背景值用于评估8月、10月的该海域受溢油影响程度，背景值选取2008—2010年8月、10月数据进行计算。各分区背景值：①辽东湾1为35.2微克/升；②辽东湾2为27.0微克/升；③渤海湾为35.7微克/升；④莱州湾为33.7微克/升；⑤复州湾为48.8微克/升。

"蓬莱19-3"油田溢油事故已造成该油田周边及其西北部面积约6200平方千米的海域海水污染（超第一类海水水质标准），其中870平方千米海水受到严重污染（超第四类海水水质标准）。

2011年6—8月海水受污染程度较为严重，6月中旬、6月下旬、7月和8月海水污染面积分别约为1600平方千米、3750平方千米、4900平方千米和1350平方千米。海水中石油类浓度超第一类海水水质标准的站次比率为50%，超背景值的站次比率达92%，最高浓度超背景值53倍。

2011年9—12月，"蓬莱19-3"油田周边海域海水石油类污染面积明显减小，但仍有70%站位海水石油类浓度超背景值，有3%站位海水石油类浓度超第一类海水水质标准。9月以后，"蓬莱19-3"油田周边海域污染面积约10平方千米，渤海中部其他海域海水石油类浓度符合第一类海水水质标准，但仍有局部超过背景值。至12月底，"蓬莱19-3"油田附近海域海面仍可见零星油膜，海水污染面积低于5平方千米。

事故溢油使"蓬莱19-3"油田附近海域中、底层海水受到石油类污染。2011年6—12月期间共进行的24个海水表、中、底层监测航次中，有21个航次海水的中、底层石油类浓度比表层高出40%以上，表明由于海底沉积物石油类的缓慢释放，本次溢油对海水中底层的影响持续时间较长。

二、海洋沉积物环境损害

根据海底沉积物是否可见原油或油基泥浆、沉积物石油类含量超标状况，确定溢油事故海域沉积物污染范围。沉积物样品或海底存有可见原油或油基泥浆，沉积物质量超过第三类海洋沉积物质量标准，为严重污染；表层沉积物中石油类含量超过背景值，且超过第一类海洋沉积物质量标准（5.0×10^{-3}），为沉积物受到污染。

历史资料选取：采用 2009 年 12 月"蓬莱 19 - 3"油田明珠轮单点系泊改造无人采油平台工程秋季环境质量现状调查（以下简称"'蓬莱 19 - 3'油田现状调查"）、2009 年 8 月海洋沉积物趋势性监测数据和 2009 年 8 月渤海近岸趋势性监测数据所获取的沉积物监测数据确定背景值。

海区划分：在分析历史监测资料的基础上，根据本次溢油的影响范围，划分"蓬莱 19 - 3"油田周边海域、渤海中部海域、河北（唐山、秦皇岛）近岸海域、辽东湾 1、辽东湾 2、渤海湾、莱州湾、大连复州湾等 8 个区域，分别计算背景值。

在溢油事故发生后，2011 年 6 月 21 日—7 月 19 日，在沉积物监测范围内，"蓬莱 19 - 3"油田溢油事故附近海域监测确定有 14 个站位超第三类海洋沉积物质量标准，16 个站位超第一类海洋沉积物质量标准（符合第二类海洋沉积物质量标准）。

根据沉积物石油类含量和表层是否有可见油污，确定污染区和严重污染区。

污染区："蓬莱 19 - 3"油田周边及其西北部海域沉积物环境受到溢油污染，溢油污染面积约为 1600 平方千米，海洋沉积物质量由第一类海洋沉积物质量标准下降为第二类海洋沉积物质量标准。

严重污染区：溢油事故附近海域沉积物受到海底油污（含油基泥浆）污染。海洋沉积物质量由第一类海洋沉积物质量标准下降为超第三类海洋沉积物质量标准，沉积物严重污染面积约为 20 平方千米。

2011 年 8 月 29 日—9 月 12 日，监测发现在 C 平台周边 0.153 平方千米海域表层沉积物环境中仍有不同程度的油污分布。海底油污分布情况详见表 9 - 2。

表 9-2　C 平台周边海域海底油污分布情况统计

(2011 年 8 月 29 日—9 月 12 日)

序号	区域	面积（平方米）
1	黑色油污区	750
2	表层至水下 15 厘米大块油污区	630
3	油泥混合污染区	18700
4	块状油污分布区	133000
	合计	153080

C 平台周边海海底油污按其污染严重程度，大致可分为以下四种情况：

（1）黑色油污区。C 平台西北侧 20 米发现黑色油污区，沉积物表层存在 10 厘米厚黑色油污，面积约为 750 平方米。

（2）表层至水下 15 厘米大块油污区。C 平台北侧 30 米发现较大油污块状分布区，面积约为 630 平方米。油污大量分布在沉积物表层，并渗透至水下 15 厘米层。

（3）油泥混合污染区。油泥混合污染区主要分布在 C 平台南北两侧，在沉积物剖面中发现大量油污与油泥混合在一起，并呈灰黑色。面积约为 18700 平方米。表层沉积物多处分布油污，厚度约 1 厘米，并且有油污飘散于上覆水中。

（4）块状油污分布区。C 平台东南侧、东侧及北侧海域沿潮流主流向方向的表层沉积物中均有油污块状分布，区域面积约为 133000 平方米。表层沉积物中散布着不连续的块状油污，油污厚度为 0.1 ～ 2 厘米。

三、岸滩环境与环境敏感区影响

根据油指纹鉴定结果，结合溢油漂移预测模型，确定受到油污染的岸滩及环境敏感区，并进行影响评价。

根据溢油岸滩登陆点，结合溢油漂移预测模型，预测本次溢油对长度约 360 千米的河北（秦皇岛、唐山）和辽宁（绥中）部分岸段产生影响：溢油会对该区域的部分滨海旅游区、海水养殖区、海洋保护区、水产种质资源保护区、产卵场等环境敏感区造成影响。

根据溢油期间环渤海陆岸巡视、近岸海域监视监测及油指纹鉴定结果，结合溢油漂移预测模型，截至 2011 年 8 月 31 日，辽宁绥中东戴河、河北唐山浅水湾及河北秦皇岛昌黎黄金海岸 3 处岸滩发现来自"蓬莱 19－3"油田 B 平台或 C 平台原油，因此确定辽宁绥中、河北唐山和秦皇岛部分岸段已受到本次溢油影响。

根据陆岸巡视、近岸海域监视监测及油指纹鉴定结果，结合溢油漂移扩散数值模拟显示，截至 2011 年 8 月 31 日，本次溢油对长度约 360 千米的河北（秦皇岛、唐山）和辽宁（绥中）部分岸段产生了影响：溢油会对该区域的部分滨海旅游区、海水养殖区、海洋保护区、水产种质资源保护区、产卵场等环境敏感区造成影响。

油指纹鉴定和现场监测结果显示：本次溢油已对辽宁绥中东戴河、河北唐山浅水湾、河北秦皇岛昌黎黄金海岸等部分岸滩、海水和沉积物造成污染。其中，岸滩有块状油污分布；海水石油类浓度普遍超背景值，部分站点超第一类海水水质标准；近岸海域部分站点沉积物石油类含量超第三类海洋沉积物质量标准。

四、海洋生物损害

"蓬莱 19－3"油田溢油事故发生后，在收集该海域海洋生态相关资料的基础上，开展了溢油海洋生态环境影响综合监测，采用相关标准和背景值，评估溢油对海洋生物的损害程度。

筛选距溢油时间最近的同季节、同区域或邻近区域的生物监测资料，计算背景值。背景值来源及数值见表 9－3。

表 9 - 3 选用背景值的资料来源与数值

项目	资料来源	监测时间	数值
叶绿素 a	"渤海海域海水质量趋势性监测"	2011 年 5 月	2.16 微克/升
	"908" 专项《ST01 区块水体环境调查与研究报告》	2006 年 7 月	3.54 微克/升
浮游植物多样性	"908" 专项《ST01 区块水体环境调查与研究报告》	2006 年 7 月	1.83
浮游动物多样性			1.39
幼虫幼体密度			69.3 个/立方米
6 月鱼卵密度	"蓬莱 19 - 3" 油田 3 区北调整井（"蓬莱 19 - 3"油田明珠轮单点系泊改造项目）环境影响报告书	2008 年 6 月	12 种 2.84 粒/平方米
6 月仔稚鱼密度			15 种 0.71 尾/平方米
7 月鱼卵密度	中国水产科学研究院黄海水产研究所渔业资源专项调查	2009 年 7 月	9 种 0.176 粒/平方米
7 月仔稚鱼密度			8 种 0.047 尾/平方米
甲壳动物石油烃含量	"蓬莱 19 - 3" 油田 3 区北调整井（"蓬莱 19 - 3"油田明珠轮单点系泊改造项目）环境影响报告书	2009 年 12 月	3.44×10^{-6}
鱼类石油烃含量			4.12×10^{-6}

溢油对海洋生物损害评估采用背景比较、多航次监测结果比较的方法进行评估。鱼类及甲壳类生物体内石油烃污染状况评价，参照《第二次全国海洋污染基线调查技术规程》（第二分册）中的规定，其评价基准值为 2×10^{-5}。

溢油污染致使浮游生物多样性明显降低。对浮游动物幼虫幼体的发育、成活与生长造成了严重损害。在本次溢油污染海域内，浮游植物、浮游动物的种类和生物多样性明显降低，群落结构受到影响，且在溢油事故附近海域出现夜光藻赤潮；浮游动物幼虫幼体密度在溢油后 1 个月内下降了 69%。浮游生物损害范围与海水受损范围基本一致。

溢油污染致使鱼卵和仔稚鱼受到严重损害。本次溢油事故污染期间，由于海面油膜覆盖和海水中高浓度的石油类作用，污染海域内，6 月、7 月鱼卵平均密度较背景值分别下降了 83%、45%；7 月鱼卵畸形率达到 92%；6 月、7 月仔稚鱼平均密度较背景值分别减少了 84%、90%。

局部底栖生物受损严重。本次溢油使 C 平台溢油点周边海域底栖生物被油污沾污或覆盖，生物栖息环境被破坏，底栖生物受到损害；在清理海底油污过程中，清理区域内底栖生物遭受损害。

本次溢油污染区域底栖生物体内石油烃含量随时间呈明显升高趋势，7 月，30% 样品生物体内石油烃含量超过背景值；8 月，95% 样品生物体内石油烃含量超过背景值，底栖生物受损范围与沉积物受损范围基本一致；12 月，仍有 54% 样品生物体内石油烃含量超过背景值。

第四节　海洋溢油生态损害价值评估

按照《海洋溢油生态损害评估技术导则》（HY/T 095—2007），确定海洋生态损害评估项目为海洋环境容量损失、生态服务功能损失、生境修复、生物种群恢复及调查评估费。

一、海洋环境容量损失评估

影子工程法是指在环境遭到破坏后，将人工建造一个代替原来环境功能的耗费视为原环境的价值，如一个水源地被污染了，需要新建一个水源地来替代，其污染损失就是新工程的投资费用。本次环境容量损失评估假设污水处理费用中已包含污水处理厂的建设成本费用，不再将污水处理厂的建设费用考虑在内，故"蓬莱 19-3"油田溢油造成的环境容量损失即是对受污染海水的处理费用。

计算公式为

$$HY_W = W_q \times W_c$$

其中，W_q 为处理费（单位：万元/立方米）；W_c 为溢油损害水体体积（单位：立方米）。

溢油损害水体体积的计算采取如下公式：

$$W_c = hy_a \times K$$

其中，hy_a 为溢油影响的海水面积（单位：平方千米）；K 为溢油影响的海水平均深度（单位：米），通常以表层水体 0.5 米计。

污染的水体量依据溢油影响的海水污染面积进行计算，本章考虑到"蓬莱 19 - 3"油田溢油事故的特点，将 6 月 17—30 日监测结果作为海域污染面积。根据 6 月 17—30 日监测结果，本次溢油事故使 3750 平方千米的海水面积受到污染，以表层水体 0.5 米进行计算，造成损害的水体体积为 $3750 \times 10^6 \times 0.5 = 1.875 \times 10^9$（立方米）。

文献报道，油田回注水的污水处理费用约为 1.8 元/立方米和 2.73 元/立方米。例如，台兴油田回注水处理工艺流程采用 MMBR 工艺，集生化、膜过滤和真空除氧三种技术于一体的组合系统，污水处理后含油类浓度可达到未检出的状态，污水处理费用成本约 2.73 元/立方米。东北腰英台油田污水处理采用微生物 + 膜污水方式，处理费用成本约为 1.8 元/立方米。

经调研分析，并考虑到污水处理过程中的污染物除了有机污染物石油类外，还包括无机污染物 COD、氨氮等，本章的污水处理费按照 0.6 元/立方米的标准进行环境容量损失的保守计算。

本章处理受污的水体体积为 1.875×10^9 立方米，根据确定的污水处理费 0.6 元/立方米，最终处理受污染水体的费用为 $1.875 \times 10^9 \times 0.6 \times 10^{-4} = 112500$（万元）。即环境容量损失为 112500 万元。

二、海洋生态服务功能损失评估

《海洋溢油生态损害评估技术导则》（HY/T 095—2007）第 8.2.1 条规定的海洋生态系统服务功能损失按如下公式计算：

$$HY_{\mathrm{E}} = \sum_{i=1}^{n} hy_i$$

$$hy_i = hy_{di} \times hy_{ai} \times s_i \times t_i \times d$$

其中，hy_i 为第 i 类海洋生态系统类型海洋生态服务功能损失（单位：万元）；i 为溢油影响区域的海洋生态系统类型；hy_{di} 为第 i 类海洋生态系统类型单位公益价值［单位：元/（公顷·年）］；hy_{ai} 为溢油影响的第 i 类海洋生态系统的面积（单位：公顷）；s_i 为溢油对 i 类海洋生态系统造成的损失率，以海洋生态系统健康指数的变化率表示；t_i 为溢油事故发生至第 i 类海洋生态系统恢复至原状的时间（单位：年），通常以水质、沉积物和海洋生物恢复至原状的时间计；d 为折算率，为1%～3%，海洋生态环境敏感区取3%，海洋生态环境亚敏感区取2%，海洋生态环境非敏感区取1%。

1. 确定溢油影响区域的海洋生态系统类型（i）

"蓬莱19-3"油田溢油事故发生在渤海，属于《海洋溢油生态损害评估技术导则》（HY/T095—2007）规定的河口和海湾类型。此外，溢油造成部分岸滩（潮滩）受到污染，此区域属于《海洋溢油生态损害评估技术导则》（HY/T095—2007）规定的潮滩类型。

2. 确定海洋生态系统类型单位公益价值（hy_{di}）

本章溢油影响的海洋生态系统类型单位公益价值根据影响对象不同，分别选择《海洋溢油生态损害评估技术导则》（HY/T 095—2007）规定的河口和海湾类型的海洋生态系统类型单位公益价值182950元/（公顷·年）及潮滩类型的海洋生态系统类型单位公益价值119138元/（公顷·年）。

3. 确定溢油影响的海洋生态系统的面积（hy_{ai}）

海水水质和海洋生物影响面积采用海水水质超第一类海水水质标准面积计算，沉积物（包括潮滩）和生物质量的影响面积采用沉积物超第一类海洋沉积物标准面积计算。根据相关的评估结果，影响面积确定如下：

（1）6月5—16日，"蓬莱19-3"油田B平台海底附近溢油共造成1600平方米海水受到污染。

（2）6月17—30日，"蓬莱19-3"油田B平台和C平台溢油共造成 3750 平方千米海水受到污染，20 平方千米沉积物受到污染。

（3）7 月 1—31 日，"蓬莱 19 - 3"油田 B 平台和 C 平台溢油共造成 4900 平方千米海水受到污染，1600 平方千米沉积物受到污染。

（4）8 月 1—31 日，"蓬莱 19 - 3"油田 B 平台和 C 平台溢油共造成 1350 平方千米海水受到污染，1200 平方千米沉积物受到污染。

（5）9 月 1 日—12 月 31 日，"蓬莱 19 - 3"油田附近海域存在污染。其中，9 月 1 日—10 月 31 日，"蓬莱 19 - 3"油田附近海域有约 10 平方千米海水受到污染，11 月 1 日—12 月 31 日仍有约 5 平方千米海水受到污染；沉积物中石油类含量和口虾蛄生物体内石油烃含量仍高于背景值。污染面积参照 8 月 1—30 日监测的结果，即 1200 平方千米。

根据相关的评估结果，至 8 月 31 日，"蓬莱 19 - 3"油田溢油已对辽宁绥中、河北唐山和秦皇岛等部分岸段（长度约 360 千米）造成影响。其中，采自 9 处岸滩的油样，有 3 处与"蓬莱 19 - 3"油田 B 平台附近海底溢油源或 C 平台溢油源样品油指纹一致。本章以影响岸段的 1/3，即 120 千米作为溢油对岸滩影响的长度，1 千米作为影响的宽度，故岸滩的受损面积为 120 平方千米。

4. 确定溢油对海洋生态系统造成的损失率（s_i）

损失率以《近岸海洋生态健康评价指南》（HY/T 087—2005）中规定的海洋生态系统健康指数的变化率表示，计算方法：（溢油前事故海域各项评价指标赋值 - 溢油后事故海域各项评价指标赋值）/健康综合指数（100）×100%。

损失率评估指标包括表层海水的石油类浓度、生物体内石油烃含量（口虾蛄生物残毒）、栖息地沉积物中石油类含量、浮游植物密度及鱼卵和仔稚鱼数量等。

5. 溢油对海洋生态系统的影响时间（t_i）

本章采用分时间段的方式确定海域溢油影响时间，包括 2011 年 6 月 5—16 日、6 月 17—30 日、7 月 1—31 日、8 月 1—31 日、9 月 1 日—12 月 31 日等不同的监测时段。此外，考虑到潮滩沉积物中溢油的自然恢复往往漫长，溢油初期，原油轻质成分容易自然挥发，但重质成分难以挥发降解——有研究文献报道溢油恢复需要 3 ～ 10 年的时间。本章暂选取 3 年作为"蓬莱 19 - 3"油田溢油导致的潮滩沉积物污染恢复时间，潮滩影响时间为 2011 年 7 月 13 日—2014 年 7 月 12 日。

6. 确定折算率（d）

"蓬莱19-3"油田溢油事故发生在半封闭内海——渤海。溢油事故影响的海域是重要的海洋生物产卵场、育幼场和众多生物的栖息地，周边分布有斑海豹等多个海洋保护区，为海洋生态环境敏感区。根据《海洋溢油生态损害评估技术导则》（HY/T 095—2007）中规定的折算率选取方法，本章折算率（d）取3%。

（一）生态系统服务功能价值损失

"蓬莱19-3"油田溢油事故海域水质、沉积物、生物、岸滩和生物质量均受到不同程度的影响。根据本书确定的计算参数值，"蓬莱19-3"溢油造成的生态系统服务功能价值损失如下：

（1）2011年9月1日—10月31日的价值损失为 $182950 \times (10 \times 10^2 \times 45\% + 1200 \times 10^2 \times 15\%) \times (61 \div 365) \times 3\% = 16923376$（元）。

（2）2011年11月1日—12月31日的价值损失为 $182950 \times (5 \times 10^2 \times 45\% + 1200 \times 10^2 \times 15\%) \times (61 \div 365) \times 3\% = 16716994$（元）。

因此，2011年9月1日—12月31日总价值损失为 $16923376 + 16716994 = 33640370$（元）。

（二）潮滩生态系统服务功能价值损失

2011年7月13日—2014年7月12日，"蓬莱19-3"溢油影响潮滩的生态系统类型单位公益价值为119138元/（公顷·年），影响面积为120平方千米，损失率为10%，影响时间为3年，折算率取3%。

2011年7月13日—2014年7月12日，潮滩生态系统服务功能价值损失为 $119138 \times 120 \times 10^2 \times 10\% \times 3 \times 3\% = 12866904$（元）。

"蓬莱19-3"溢油造成的海洋生态系统服务功能损失为溢油影响期间内的生态系统服务功能价值损失与潮滩生态系统服务功能价值损失的和，为22789.42万元。

三、海洋生境修复

根据《海洋溢油生态损害评估技术导则》（HY/T 095—2007），生境修复费计算为"采用直接统计的方法对生境修复方案中各步骤所需要的费用进行逐一统计，最后加和计算"。

本次生境修复工程的基本费用主要包括本底监测费用、安全性评价费用、投放设备设计制造安装调试费、微生物修复费用（包括修复效果跟踪监测费）等。

（一）经费计算依据与方法

1. 样品取样分析费

包括样品取样费和样品分析费。

（1）样品取样费：海水、沉积物取样费参照《国家计委、建设部关于发布〈工程勘察设计收费管理规定〉的通知》（计价格〔2002〕10号）执行；生物取样费参照《关于印发〈海域使用论证收费标准（试行）〉的通知》（国海管字〔2003〕110号）执行。

（2）样品分析费：海水、沉积物分析费参照《关于国家海洋局北海分局有关收费标准的批复》（青价费〔1996〕226号）执行；生物分析费参照《关于印发〈海域使用论证收费标准（试行）〉的通知》（国海管字〔2003〕110号）执行。

2. 运输、装卸与租船费

根据船务公司询价，微生物修复菌剂投放船舶费用包含一航次每船租赁费和运输装卸费。菌剂装船需1天，从驻地到投放区域来回平均3天，天气原因影响2天，船舶投放菌剂前准备工作和投放后甲板船舱清洁需要1天，加上投放时间5天，每船一航次共需用12天，费用为77.18万。

投放天数计算：投放面积为0.67平方千米，航速为3节，即5500米/时，航线间隔为10米，租用船舶1只，按照每天工作8小时计算，投放天数为 $0.67 \times 10^{6} \div (5500 \times 10) \div 8 = 1.52(天) \approx 2(天)$。

航行时间计算：从蓬莱栾家口港到投放区域来回的时间，其航速为

5 节，即 9260 米/时，故航行时间为 $2 \times 90 \div (9260 \times 10^{-3}) = 19.44$（时）$\approx 1$（天）。

若投放时间为 2 天，根据船务公司询价，从栾家口港出海进行计算投放船舶费用，结果如下：

（1）陆地运输费用为 200 元/吨×402 吨+5 万元=13.04 万元，其中，5 万元为装卸费用、洗车费用等。

（2）港口装卸船费用约为 6 万元。

（3）海上运输费用共计 18.48 万元，其中，租金为 1.8 万元/天×7 天=12.6 万元，燃油消耗费用为 7000 元/吨×5 吨/天×1 天+8500 元/吨×0.4 吨/天×7 天=58800 元=5.88 万元。

（4）船舶保险、折旧等，每船每航次约为 6 万元。

因此，每船每航次的总费用，为上述四部分费用之和，即 13.04+6+18.48+5.88=43.40（万元）。

根据青岛环海海洋工程勘察研究院以往用船协议确定，监测船舶采用"向阳红 08"船，按每天每船 6.5 万元计算，每航次共需 6 天，其中，设备和人员上船需 1 天，从驻地到投放区域来回 3 天，天气原因影响 1 天，海上监测时间 1 天。

3. 人员费

采用每人每天 150 元计算，包括人员补贴 130 元/（天·人），伙食补贴 20 元/（天·人）。

4. 车辆运行费

采用每天每车 1800 元计算。

5. 报告编制费

采用《国家计委、建设部关于发布〈工程勘察设计收费管理规定〉的通知》（计价格〔2002〕10 号）中技术工作费收费比例，本收费计算按照样品取样分析费的 22% 计算。

（二）本底监测费用

包括租船费、监测人员费、车辆运行费、样品取样分析费和报告编制费等。

（1）监测租船费：6.5 万元/（船·天）×1 船×6 天/次×1 次=39

万元。

（2）监测人员费：10 人/天×150 元/（天·人）×6 天/次×1 次 = 9000 元 = 0.9 万元。

（3）监测车辆运行费（接送人员和设备）：1800 元/天×2 天/次×1 次 = 3600 元 = 0.36 万元。

（4）样品取样分析费：

海水：10339.7 元/（站·次）×24 站×1 次 = 248152.8 元 ≈ 24.82 万元。

沉积物：20194.2 元/（站·次）×18 站×1 次 = 363495.6 元 ≈ 36.35 万元。

生物：16547.5 元/（站·次）×18 站×1 次 = 297855 元 ≈ 29.79 万元。

（5）监测报告编制费用（按照样品取样分析费的 22% 计）：20.01 万元。

因此，本底监测费用为 39 + 0.9 + 0.36 + （24.82 + 36.35 + 29.79） + 20.01 = 151.23（万元）。

（三）安全性评价费用

根据国家环境保护化学品生态效应与风险评估重点实验室报价，安全性评价费用包括专项检测和环境安全性评价报告编制，共计 315.0 万元。

（四）投放设备设计制造安装调试费

为提高工作效率，计划在每条船舶左右舷各安装投放 1 套设备。

根据山东科学院海洋仪器仪表研究所报价，每套设备购置及安装共需 180 万元。因此，共计：180 万元/套×2 套/船×1 船 = 360 万元。

（五）海洋溢油 C 平台周边严重污染区域微生物修复费用

0.153 平方千米海底油污区物理清除费用由康菲石油中国有限公司

承担，不包括在本修复工程中。

1. 0.67 平方千米 C 平台周边严重污染区 2 次修复费用

此费用包括菌剂筛选、生产与沸石混合费，沸石生产运输费，投放船舶租赁费，交通运输费，投放人员费和投放车辆运行费，共计 3574.24 万元。

每次修复工作量计算如下：

（1）菌剂量：0.67 平方千米 × 10^6 平方米/平方千米 × 0.4 千克/平方米 ÷ 1000 千克/吨 = 268 吨

（2）沸石量：0.67 平方千米 × 10^6 平方米/平方千米 × 0.2 千克/平方米 ÷ 1000 千克/吨 = 134 吨。

2 次修复费用具体包括：

（1）菌剂筛选费用（包括菌剂筛选、培养等费用）：48 万元。

（2）菌剂生产费用：2 × 268 吨 × 57103.7 元/吨 = 30607583.2 元 ≈ 3060.76 万元。

（3）沸石生产与运输费用：2 × 5500 元/吨 × 134 吨 = 1474000 元 = 147.4 万元。

（4）菌剂与沸石混合费用（包括混合吸附时消毒、存储等费用）：2 × 8500 元/吨 × 134 吨 = 2278000 元 = 227.8 万元。

（5）投放船舶租赁和运输装卸费：43.52 万/（船·航次）× 1 船 × 2 航次 = 87.04 万。

（6）投放人员费：按照监测人员费用150 元/（天·人）计算，2 × 20 人/船 × 1 船 × 150 元/（天·人）× 3 天 = 1800 元 = 1.8 万元。

（7）投放车辆运行费：2 × 1800 元/（车·天）× 2 天 × 2 车 = 14400 元 = 1.44 万元。

2. 修复效果跟踪监测费

修复效果跟踪监测费共计 779.26 万元。

（1）修复效果跟踪监测租船费：6.5 万元/（船·天）× 1 船 × 6 天/次 × 6 次 = 234 万元。

（2）修复效果跟踪监测人员费：10 人/天 × 150 元/（天·人）× 6 天/次 × 6 次 = 54000 元 = 5.4 万元。

（3）跟踪监测车辆运行费（接送人员和设备）：1800 元/天 × 2 天/次 × 6 次 = 21600 元 = 2.16 万元。

（4）样品取样分析费：

海水：5923.5 元/（站·次）× 24 站 × 6 次 = 852984 元 ≈ 85.30 万元。

沉积物：16364.2 元/（站·次）× 18 站 × 6 次 = 1767333.6 元 ≈ 176.73 万元。

生物：16547.5 元/（站·次）× 18 站 × 6 次 = 1787130 元 ≈ 178.71 万元。

（5）修复效果评估报告编制费用（按照样品取样分析费的 22% 计）：96.96 万元。

3．合计费用

因此，海洋溢油 C 平台周边污染区域微生物修复费用为 3574.24 + 779.26 = 4353.50（万元）。

若追加微生物菌剂投放次数，则需增加上述的修复费用和跟踪监测费。

海洋生境修复总费用 = 本底监测费用 + 安全性评价费用 + 投放设备设计制造安装调试费 + 海洋溢油 C 平台周边严重污染区域微生物修复费用 = 151.23 + 315.0 + 360 + 4353.5 = 5179.73（万元）。

四、生物种群恢复

（一）经费计算依据与方法

1．样品取样分析费

样品取样分析费包括样品取样费和样品分析费。其中，样品取样和分析费参照《关于印发〈海域使用论证收费标准（试行）〉的通知》（国海管字〔2003〕110 号）执行。

2．租船费

放流船舶费用：租用 300 马力（约 220.5 千瓦）以上的渔船进行放流，根据以往租船费用，每天每船按 0.5 万元计算。每个放流点租用 3 条船。

监测船舶费用：根据青岛环海海洋工程勘察研究院以往用船协议确定，监测船舶采用"向阳红 08"船，每天每船 6.5 万元计算，每航次共需 6 天，其中设备和人员上船需 1 天，从驻地到投放区域来回 3 天，天气原因影响 1 天，海上监测时间 1 天。

3. 人员费

采用每人每天 300 元计算，包括人员补贴 130 元/（天·人），伙食补贴 20 元/（天·人），住宿费（监测船舶上不含此项费用）150 元/（天·人）。

4. 车辆运行费

使用冷藏运输车，采用每天 1800 元计算。

5. 报告编制费

采用《国家计委、建设部关于发布〈工程勘察设计收费管理规定〉的通知》（计价格〔2002〕10 号）中技术工作费收费比例，本收费计算按照样品取样分析费的 22% 计算。

（二）生物种群恢复费用计算

1. 鱼苗购置费

补充仔鱼的损害量，是补偿生态损害的重要组成部分。

黄渤海周边对斑鲦的饲养繁育较少，据育苗成本测算，预计亲鱼培养一个半月，产卵期对受精卵分批收集并孵化需一个半月，育苗期 55 天。需补充鱼苗 2.18×10^8 尾。综合考虑鱼苗成本及育苗场利润空间，按照 0.5 元/尾计算，需要补充鱼苗的总价值为 $(2.18 \times 10^8) \times 0.5 \div 10^4 = 10900.0$（万元）。

2. 放流费用

除购置相应的幼体外，还需要幼体运输、放流保护等工作，按照 3 年进行计算，其具体费用如下：

（1）第一年：共计 231.54 万元。

第一年放流量为种群总补充量的 40%。

运输费：$(2.18 \times 10^8$ 尾 $\times 40\%)/(400$ 尾/袋 $\times 800$ 袋/车次$) = 273$ 车次，故运输费为 1800 元/车次 $\times 273$ 车次 $= 491400$ 元 $= 49.14$ 万元。若分 8 个放流点进行放流，则每个放流点平均放流量约为 35 车次，共计放流时间约为 8 天。

人员费：按 300 元/（天·人）计算，包括人员补贴 130 元/（天·人），伙食补贴 20 元/(天·人)，住宿费 150 元/(天·人)。因运送鱼苗车次较多，计划分 8 天放流鱼苗，每船 15 人进行放流，人员费为 300 元/(天·人)×15 人/船×24 船×8 天=864000 元=86.4 万元。

船舶租赁费：0.5 万元/(船·天)×8 天×24 船=96 万元。

放流费用=运输费+人员费+船舶租赁费=231.54 万元。

(2) 第二年：共计 231.54 万元。

第二年放流量为种群总补充量的 40%。

运输费：(2.18×10^8 尾×40%)/(400 尾/袋×800 袋/车次)=273 车次，故运输费为 1800 元/车次×273 车次=491400 元=49.14 万元。若分 8 个放流点进行放流，则每个放流点平均放流量约为 35 车次，共计放流时间约为 8 天。

人员费：按 300 元/(天·人)计算，包括人员补贴 130 元/(天·人)，伙食补贴 20 元/(天·人)，住宿费 150 元/(天·人)。因运送鱼苗车次较多，计划分 8 天放流鱼苗，每船 15 人进行放流，人员费为 300 元/(天·人)×15 人/船×24 船×8 天=864000 元=86.4 万元。

船舶租赁费：0.5 万元/(船·天)×8 天×24 船=96 万元。

放流费用=运输费+人员费+船舶租赁费=231.54 万元。

(3) 第三年：共计 115.86 万元。

第三年放流量为种群总补充量的 20%。

运输费：(2.18×10^8 尾×20%)/(400 尾/袋×800 袋/车次)=137 车次，故运输费为 1800 元/车次×137 车次=246600 元=24.66 万元。若分 8 个放流点进行放流，则每个放流点平均放流量约为 17 车次，共计放流时间约为 4 天。

人员费：按 300 元/(天·人)计算，包括人员补贴 130 元/(天·人)，伙食补贴 20 元/(天·人)，住宿费 150 元/(天·人)。因运送鱼苗车次较多，计划分 4 天放流鱼苗每船 15 人进行放流，人员费为 300 元/(天·人)×15 人/船×24 船×4 天=432000 元=43.2 万元。

船舶租赁费：0.5 万元/(船·天)×4 天×24 船=48 万元。

放流费用=运输费+人员费+船舶租赁费=115.86 万元。

三年累计放流费用=第一年放流费+第二年放流费+第三年放流费=231.54+231.54+115.86=578.94(万元)。

3．修复效果评估费

修复效果评估费用包括租船费、监测人员费和样品取样分析费等。每次评估费用为 46.68 万元，具体如下：

监测租船费：6.5 万元/天×6 天/次×1 次 = 39 万元。

监测人员费：按 150 元/（天·人）计算，包括人员补贴 130 元/（天·人），伙食补贴 20 元/（天·人），故人员费为 4 人/天×150 元/（天·人）×6 天/次×1 次 = 3600 元 = 0.36 万元。

鱼卵、仔稚鱼样品取样分析费：3000 元/（站·次）×20 站×1 次 = 6000 元 = 6 万元。

监测报告编制费用（按照样品取样分析费的 22% 计）：1.32 万元。

修复效果评估次数：放流后续监测 1 次/年×3 年 = 3 次。

修复效果评估费用：3 次×46.68 万元/次 = 140.04 万元。

若需要再次放流，则需增加补充幼鱼的幼体培养费，再次放流的运输费、放流劳务费、船舶租赁费，专家论证会 1 次、跟踪监测 1 次、验证性监测 1 次所需费用。

4．合计

总费用为鱼苗购置费、放流费、修复效果评估费合计，即 10900 + 578.94 + 140.04 ≈ 11619（万元）。

五、溢油海洋生态损害价值

"蓬莱 19 - 3"油田溢油事故降低了渤海可容纳石油类物质的剩余环境容量，造成海洋环境容量损失；溢油造成海水、沉积物、生物及岸滩损害，导致海洋生态系统服务功能降低，生态系统服务功能价值受损；沉积物溢油污染对食品安全和人类健康构成严重威胁；污染区域自然恢复过程漫长，必须实施微生物修复措施加速恢复过程；溢油造成鳀鱼与斑鰶鱼卵及仔稚鱼密度大幅度下降，生物种群难以自然恢复，必须采取受损生物人工补充措施，尽快恢复受损生物生态位功能，从而恢复海洋生态系统平衡。

本章根据"蓬莱 19 - 3"油田溢油造成的海洋生态损害的对象、范围与程度，估算本次溢油所造成的海洋生态损害价值为 168357.05 万元，包括：

（1）环境容量损失价值 112500 万元。

（2）海洋生态服务功能损失价值 22789.42 万元。

（3）海洋生境修复费用 5179.73 万元。

（4）海洋生物种群恢复费用 11619 万元。

（5）监测评估费用 16268.9 万元。

第五节　海洋生态损害索赔模式

依据海洋溢油生态赔偿管理模式，海洋溢油生态损害索赔模式主要分为三类：法律诉讼、基金保险和行政协调手段。"蓬莱 19 - 3"溢油事故的海洋生态损害索赔采用的是行政调解。

一、海洋石油勘探开发溢油生态赔偿主体认定

根据《海洋石油勘探开发环境保护管理条例》第二十四条和第二十六条的规定，海上钻井平台造成油污损害赔偿的责任主体是"发生污染事故的企业、事业单位、作业者"；第三十条规定，"作业者是指实施海洋石油勘探开发作业的实体"。可见，在该条例下，海上钻井平台造成的油污损害由平台的作业者负责赔偿。根据《对外合作开采海洋石油资源条例》第二十二条的规定，"作业者和承包者在实施石油作业中负有防止环境污染和损害的义务"。如果他们造成海洋环境污染损害，就应当承担相应的赔偿责任，成为责任主体。可见，作业者和承包者在实施作业的过程中有保护海洋环境的义务，一旦造成海洋环境污染损害，他们应当承担相应的赔偿责任。

但是，作业者和承包者在实施作业过程中造成海洋环境侵权，责任如何分担，比如是否承担连带责任等问题，有待我们的立法者进一步做出明确规定。

二、海洋生态损害赔偿客体认定

根据《海洋环境保护法》第五条的规定，国家海洋行政主管部门负责防治海洋工程建设和海洋倾倒废弃物对海洋环境污染的环境保护工

作。同时，海洋生物资源和环境资源属于全体国民所有，国家海洋行政主管部门代表国家对海洋环境行使保护和管理职能。2013 年 7 月出台的《国家海洋局主要职责内设机构和人员编制规定》明确了国家海洋局负责组织开展海洋生态环境保护工作，承担海洋生态损害国家索赔工作的职责。因此，在法律法规层面，国家海洋局作为海上溢油生态损害赔偿的客体，代表国家向责任方进行海洋生态损害索赔并接受赔偿是确定的。国家海洋局就是海上溢油生态损害赔偿的客体。

三、渤海平台溢油索赔模式

"蓬莱 19 - 3"平台溢油事故发生在渤海海域，因此国家海洋局北海分局代表国家向责任方进行海洋生态损害索赔，为海上溢油生态损害赔偿的客体。康菲公司、中海油作为本次溢油事故溢油生态损害赔偿的主体，对其造成的海洋溢油生态损害进行赔偿。

根据前述生态损害价值估算，本次溢油造成的海洋生态损害价值总计约 16.84 亿元，主要包括海洋环境容量损失、海洋生态服务功能损失、海洋生境修复、海洋生物种群恢复费用等。2012 年 4 月，国家海洋局北海分局、康菲公司、中海油共同签订了海洋生态损害赔偿补偿协议。康菲公司和中海油总计支付 16.83 亿元人民币，其中，康菲公司出资 10.9 亿元人民币，赔偿本次溢油事故对海洋生态造成的损失；中海油和康菲公司分别出资 4.8 亿元人民币和 1.13 亿元人民币，承担保护渤海环境的社会责任。上述款项将按照国家有关法律规定，用于渤海海洋生态建设与环境保护、渤海入海石油类污染物减排、受损海洋生境修复、溢油对海洋生态影响的监测和研究等。

（林伟龙　张耀文）

参 考 文 献

[1] 陈锋. 海湾溢油损害的货币化评估 [D]. 厦门：厦门大学，2009：12 - 17.

[2] 陈刚. 溢油污染对渔业资源的损害评估研究 [D]. 大连：大连海事大学，2002.

[3] 陈尚，张朝晖，马艳，等. 我国海洋生态系统服务功能及其价值评估研究计划 [J]. 地球科学进展，2006，21 (11)：1127 - 1133.

[4] 陈仲新，张新时. 中国生态系统效益的价值 [J]. 科学通报，2000，45 (1)：17 - 22.

[5] 陈作志，邱永松. 南海北部生态系统食物网结构、能量流动及系统特征 [J]. 生态学报，2010，30 (18)：4855 - 4865.

[6] 程娜. 海洋生态系统的服务功能及其价值评估研究 [D]. 大连：辽宁师范大学，2005.

[7] 崔源，郑国栋，栗天标，等. 海上石油设施溢油风险管理与防控研究 [J]. 油气田环境保护，2010，20 (1)：29 - 32.

[8] 范航清，彭胜，石雅君，等. 广西北部湾沿海海草资源与研究状况 [J]. 广西科学，2007，14 (3)：289 - 295.

[9] 高振会，杨建强，崔文林，等. 海洋溢油对环境与生态损害评估技术及应用 [M]. 北京：海洋出版社，2005：175 - 177.

[10] 高振会，杨建强，王培刚，等. 海洋溢油生态损害评估的理论、方法及案例研究 [M]. 北京：海洋出版社，2007：379 - 380.

[11] 国家海洋局. 2013 年 12 月份全国海洋工程（油气开发）和海洋倾废环境保护管理情况 [R]. 2014.

[12] 韩秋影，黄小平，施平，等. 广西合浦海草床生态系统服务功能价值评估 [J]. 海洋通报，2007，26 (3)：33 - 38.

[13] 何祥英，苏搏，许廷波. 广西北仑河口红树林湿地大型底栖动物多样性的初步研究 [J]. 湿地科学与管理，2012，8 (2)：

45 – 48.

［14］洪荣标，郑冬梅. 海洋保护区生态补偿机制理论与实证研究
［M］. 北京：海洋出版社，2010：38 – 39.

［15］纪大伟，杨建强，高振会，等. 海洋溢油生态损害评估研究进展
［J］. 水道港口，2006，27（2）：115 – 119.

［16］姜晓娜. 海洋溢油生态损害评估标准及方法学研究［D］. 大连：
大连海事大学，2010.

［17］李宁，李春华，张鹏，等. 综合风险分类体系建立的基本思路和
框架［J］. 自然灾害学报，2008，17（1）：27 – 32.

［18］李铁军. 海洋生态系统服务功能价值评估研究［D］. 青岛：中
国海洋大学，2007.

［19］李雪飞，李广茹，陈袁袁，等. 浅谈防止海上油田地质性溢油的
几个因素［J］. 油气田环境保护，2013（1）：34 – 36.

［20］李亚楠，张燕，马成东. 我国海洋灾害经济损失评估模型研究
［J］. 海洋环境科学，2000，19（3）：60 – 63.

［21］刘家沂. 海洋生态损害的国家索赔法律机制与国际溢油案例研究
［M］. 北京：海洋出版社，2010.

［22］刘圣勇. 船舶溢油事故应急组织体系研究与决策处理［D］. 上
海：上海海事大学，2005.

［23］罗云，樊运晓，马晓春. 风险分析与安全评价［M］. 北京：化学
工业出版社，2004.

［24］彭本荣. 海岸带生态系统服务价值评估及其在海岸带管理中的应
用研究［D］. 厦门：厦门大学，2005.

［25］沈国英，黄凌风，郭丰，等. 海洋生态学［M］. 北京：科学出
版社，2010：21 – 22.

［26］石洪华，郑伟，陈尚，等. 海洋生态系统服务功能及其价值评估
研究［J］. 生态经济，2007（3）：139 – 142.

［27］石洪华，郑伟，丁德文，等. 典型海洋生态系统服务功能及价值
评估：以桑沟湾为例［J］. 海洋环境科学，2008，27（2）：
101 – 104.

［28］覃超梅，邓雄，郭振仁，等. 中国环境损害赔偿机制研究［J］.
环境科学与管理，2011（1）：11 – 13.

[29] 唐国梅译. 海洋污染与治理 [M]. 北京：海洋出版社，1993：257-272.

[30] 汪永华，胡玉佳. 海南新村海湾生态系统服务恢复的条件价值评估 [J]. 长江大学学报（自然科学版），2005，25（1）：83-88.

[31] 王其翔. 黄海海洋生态系统服务评估 [D]. 青岛：中国海洋大学，2009：19-20.

[32] 王瑞军. 大连湾船舶溢油损害评估及索赔系统 [D]. 大连：大连海事大学，2001.

[33] 韦受庆，陈坚，范航清. 广西山口红树林保护区大型底栖动物及其生态学的研究 [J]. 广西科学院学报，1993，9（2）：45-57.

[34] 吴玲玲，陆健健，童春富，等. 长江口湿地生态系统服务功能价值的评估 [J]. 长江流域资源与环境，2003，12（5）：411-416.

[35] 吴姗姗，刘容子，齐连明，等. 渤海海域生态系统服务功能价值评估 [J]. 中国人口·资源与环境，2008，18（2）：65-69.

[36] 伍淑婕，梁士楚. 广西红树林湿地资源非使用价值评估 [J]. 海洋开发与管理，2008，25（2）：23-28.

[37] 伍淑婕. 广西红树林生态系统服务功能及其价值评估 [D]. 广西：广西师范大学，2006.

[38] 肖寒，欧阳志云，赵景柱，等. 海南岛生态系统土壤保持空间分布特征及生态经济价值评估 [J]. 生态学报，2000，20（4）：552-558.

[39] 肖井坤，殷佩海，林建国，等. 船舶区域溢油风险程度甄别的人工神经网络方法 [J]. 海洋环境科学，2002，21（4）：42-45.

[40] 肖井坤，殷佩海，林建国，等. 我国海域内船舶溢油发生次数概率的特点 [J]. 海洋环境科学，2002，21（1）：21-25.

[41] 肖井坤，殷佩海，严志宇. 船舶溢油潜势的多层次灰色评价分析 [J]. 大连海事大学学报，2001，27（1）：44-49.

[42] 辛锟，肖笃宁. 盘锦地区湿地生态系统服务功能价值估算 [J]. 生态学报，2002，22（8）：1345-1349.

[43] 熊德琪，廖国祥，姜玲玲，等. 溢油污染对海洋生物资源损害的数值评估模式 [J]. 大连海事大学学报，2007，33（3）：68-77.

[44] 熊德琪，殷佩海，严世强，等. 海上船舶溢油事故损害赔偿微机化评估系统的研究 [J]. 大连海事大学学报，2000，26 (1)：37 - 41.

[45] 许战洲，罗勇，朱艾嘉. 海草床生态系统的退化及其恢复 [J]. 生态学杂志，2009，28 (12)：2613 - 2618.

[46] 杨清伟，蓝崇钮，辛馄. 广东：海南海岸带生态系统服务价值评估 [J]. 海洋环境科学，2003，22 (4)：25 - 29.

[47] 杨天姿，于桂峰. 海上溢油生态环境损害评估及展望 [J]. 广州环境科学，2008，23 (3)：36 - 39.

[48] 杨伟华，施欣，俞成国. 基于层次分析法的船舶溢油污染危害程度评估 [J]. 水运管理，2006，28 (5)：13 - 16.

[49] 杨燕. 保险标的风险特性与免赔额关系研究 [D]. 沈阳：沈阳航空航天大学，2013.

[50] 于桂峰. 船舶溢油对海洋生态损害评估研究 [D]. 大连：大连海事大学，2007.

[51] 张朝晖，石洪华，姜振波，等. 海洋生态系统服务的来源与实现 [J]. 生态学杂志，2006，5 (12)：1574 - 1579.

[52] 张朝晖. 桑沟湾海洋生态系统服务价值评估 [D]. 青岛：中国海洋大学，2007，20 - 21.

[53] 张华，康旭，王利，等. 辽宁近海海洋生态系统服务及其价值测评 [J]. 资源科学，2010，32 (1)：177 - 183.

[54] 张九新. 海上溢油对海洋生物的损害评估研究 [D]. 大连：大连海事大学，2011.

[55] 张秋艳. 海洋溢油生态损害快速预评估模式研究：以渤海为例 [D]. 青岛：中国海洋大学，2010.

[56] 章耕耘，马丽，李吉鹏. 海洋溢油生态损害评估模型研究进展 [J]. 海洋环境科学，2014，33 (1)：161 - 168.

[57] 赵昕，鲁琪鑫. 海洋灾害风险可保性研究综述与判定 [J]. 中国渔业经济，2012，30 (6)：28 - 34.

[58] 郑宁，黎桦. 环境侵权的惩罚性赔偿机制探讨 [J]. 江汉大学学报（社会科学版），2005 (4)：93 - 97.

[59] 郑鹏凯，张天柱. 等价分析法在环境污染损害评估中的应用与分

析 [J]. 环境科学与管理. 2010, 35 (2)：177 – 182.

[60] 郑伟, 石洪华, 陈尚, 等. 海洋生态资产属性与价值特征的浅析 [J]. 海洋环境科学, 2007, 26 (4)：393 – 396.

[61] 郑伟. 海洋生态系统服务及其价值评估应用研究 [D]. 青岛：中国海洋大学, 2008：26 – 27.

[62] 周志刚. 风险可保性理论与巨灾风险的国家管理 [D]. 上海：复旦大学, 2005.

[63] 周竹军, 殷佩海. 船舶溢油损害索赔与评估的现状与发展浅谈 [J]. 世界海运, 1999, 22 (1)：48 – 49.

[64] 朱鹤鸣, 丁永生, 殷佩海, 等. BP 神经网络在船舶油污事故损害赔偿评估中的应用 [J]. 航海技术, 2005 (1)：65 – 71.

[65] ABURTO-OROPEZA O, EZCURRA E, DANEMANN G, et al. Mangroves in the Gulf of California increase fishery yield [J]. Proceedings of the national academy of sciences, 2008, 105 (30), 10456 – 10459.

[66] ALLEN II P D, CHJAPMAN D J, LANE D. Scaling Environmental Restoration to Offset Injury using Habitat Equivalency Analysis [M]. Boca Raton：CRC Press, 2005.

[67] AYES R. Special sections：Forum on valuation of ecosystem services：The price-value paradox [J]. Ecological economics, 1998, 25 (9)：17 – 19.

[68] BEAUMONT N J, AUSTEN M C, ATKINS J. Identification, definition and quantification of goods and services provided by marine biodiversity：Implications for the ecosystem approach [J]. Marine pollution bulletin, 2007, 54：253 – 265.

[69] BEAUMONT N J, AUSTEN M C, MANGI S C. Economic valuation for the conservation of marine biodiversity [J]. Marine pollution bulletin, 2008, 56：386 – 396.

[70] BRAUMAN K A, DAILY G C. Ecosystem Services [J]. Encyclopedia of ecology, 2008：1148 – 1154.

[71] CESAR H, BURKE L, PET-SOEDE L. The economics of worldwide coral reef degradation [R]. Cesar Environmental Economics Consulting, 2013.

[72] CHRIS J K, SO-MIN C. Lost ecosystem services as a measure of oil spill damages: a conceptual analysis of the importance of baselines [J]. Journal of Environmental Management, 2013, 128: 43 –51.

[73] COLAGROSSI A, LANDRINI M. Numerical simulation of interfacial flows by smoothed particle hydrodynamics [J]. J Comput Phys, 2003, 19 (1): 448 –475.

[74] COOPER E, BURKE L, BOOD N. Coastal capital: Belize. The economic contribution of Belize's coral reefs and mangroves [R]. Washington: World Resources Institute, 2009.

[75] COSTANZA R, CHARLES R, CULTER C. The development of ecological economics [M]. Cheltenham: Elgar Press, 1997.

[76] COSTANZA R, D'ARGE R, DE GVOOT R. The value of the world's ecosystem services and natural capital [J]. Nature, 1997, 38 (7): 253 –260.

[77] COSTANZA R. Social goals and the valuation of ecosystem services [J]. Ecosystem, 2000 (3): 4 –10.

[78] DAILY G C. Nature's services: societal dependence on natural ecosystems [M]. Washington: Island Press, 1997.

[79] DAILY G C. Management objectives for the Protection of ecosystem services [J]. Environmental science & policy, 2000, 3 (6): 333 –339.

[80] DAILY G C, SDERQVIST T. The value of nature and the nature of value [J]. Science, 2000 (289): 395 –396.

[81] DE GROOT R S, WILSON M, BOUMANS R. A typology for the description, classification, and valuation of ecosystem functions, goods and services [J]. Ecological economics, 2002, 41 (3): 393 –408.

[82] DOULIGERIS C, COLLINS J, IAKOVOU E, et al. Development of OSIMS: an Oil Spill Information Management System [J]. Spill science & technology bulletin, 1995, 2 (4): 255 –263.

[83] DUARTE C M. Marine biodiversity and ecosystem services: an elusive link [J]. Journal of experimental marine biology and ecology, 2000,

250 (1/2): 117 – 131.

[84] DUNFORD R W, GINN T C, DESVOUSGES W H. The use of habi-
tat equivalency analysis in natural resource damage assessment [J].
Ecological economics, 2004, 48: 49 – 70.

[85] ELIZABETH S, HECTOR G, SARAH B. Determining ecological
equivalence in service-to-service scaling of salt marsh restoration [J].
Environmental management, 2002, 29 (2): 290 – 300.

[86] FIELD CD. Rehabilitation of mangrove ecosystems: an overview [J].
Marine pollution bulletin, 1998, 37 (8/12): 383 – 392.

[87] FINGAS M. Oil spill science and technology: prevention, response,
and cleanup [M]. Burlington: Gulf Professional Publishing, 2011.

[88] FREEMAN Ⅲ A M. The measurement of environmental and resource
values: theory and methods resources for the future [M]. Washing-
ton: Resources for the Future Press, 1993.

[89] FREEMAN P K, KUNREUTHER H. Managing environmental risk
through insurance [M]. Dordrecht: Springer, 1997.

[90] HARRINGTON S E, NIEHAUS G R. 风险管理与保险 [M]. 陈秉
正, 译. 北京: 清华大学出版社, 2005.

[91] HOLMLUND C, HAMMER M. Ecosystem services generated by fish
populations [J]. Ecological economics, 1999, 29: 253 – 268

[92] HOLMLUND C M, HAMMER M. Effects of fish stocking on ecosystem
services: an overview and case study using the Stockholm archipelago
[J]. Environmental management, 2004, 33 (6): 799 – 820.

[93] IVANOV A Y, ZATYAGALOVA V V. A GIS approach to mapping oil
spills in a marine environment [J]. International journal of remote
sensing, 2008, 29 (21): 6297 – 6313.

[94] KENTULA M E, BROOKS R P, GWIN S E. Wetlands: an ap-
proach to improving decision making in wetland restoration and creation
[M]. Washington: Island Press, 1992.

[95] KERAMITSOGLOU I, CARTALIS C, KASSOMENOS P. Decision
support system for managing oil spill events [J]. Environ manage,
2003, 32 (2): 290 – 298.

[96] KULAWIAK M. Interactive visualization of marine pollution monitoring and forecasting data via a web-based GIS [J]. Computers & geosciences, 2010, 36: 1069 – 1080.

[97] KUSLER J A, KENTULA M E. Wetland creation and restoration: the status of the science [M]. Washington: Island Press, 1990.

[98] LAU W W Y. Beyond carbon: conceptualizing payments for ecosystem services in blue forests on carbon and other marine and coastal ecosystem services [J]. Ocean & coastal management, 2013, 83: 5 – 14.

[99] LEE S Y. Tropical mangrove ecology: physical and biotic factors influencing ecosystem structure and function. [J]. Australian journal of ecology, 1999, 24: 355 – 366.

[100] LEEMANS R. Personal experiences with the governance of the policy-relevant IPCC and Millennium Ecosystem Assessments [J]. Global environmental change, 2008 (18): 12 – 17.

[101] MARK S F, BRIAN E J. JUDSON K. Integrating biology and economics in seagrass restoration: how much is enough and why? [J]. Ecological engineering, 2000 (15): 227 – 237.

[102] Millennium Ecosystem Assessment. Ecosystems and Human Well-being: Synthesis [R]. Washington: Island Press, 2005.

[103] National Oceanic and Atmospheric Administration. Habitat equivalency analysis: an overview [R]. (1995 – 03 – 21) [2006 – 5 – 23] Maryland: Silver Spring.

[104] NORBERG J. Linking nature's services to ecosystems: some general ecological concepts [J]. Ecological economics, 1999, 29 (2): 183 – 202.

[105] OGNETTI G, MALTAGLIATI F. Ecosystem service provision: an operational way for marine biodiversity conservation and management [J]. Marine pollution bulletin, 2010, 60: 1916 – 1923.

[106] PROFFITT C E, DEVLIM D J, LINDSY M. Effects of oil on mangrove seedlings grown under different environmental condition [J]. Marine pollution bulletin, 1995 (30): 778 – 793.

[107] RUMELHART D E, MCCLELLAND J L. Parallel distributed Processing: explorations in the microstructure of cognition [M]. [S. l.]: MITPress, 1986.

[108] SAATTY T L. The analytic hierarchy process and expert choice [M]. New York: [s.n.], 1980.

[109] SHAY V, STEVEN M, THUR G A. Coral reef metrics and habitat equivalency analysis [J]. Ocean & coastal management, 2009 (52): 181 – 188.

[110] SHEN T, ZHOU M, ZHOU R K. Software strategy of C4ISR based on SOA [J]. Journal of CAEIT, 2008, 3 (2): 158 – 164.

[111] SILLIMAN B R, VAN DE KOPPEL J, MCCOY M W, et al. Degradation and resilience in Louisiana salt marshes after the BP-Deepwater Horizon oil spill [J]. PNAS, 2012, 109 (28): 11234 – 11239.

[112] THAYER G W. Restoring the nation's marine environment [R]. Maryland, 1992.

[113] THUR M S. Refining the using of habitat equivalency analysis [J]. Environmental management, 2007, 40 (1): 161 – 170.

[114] WANG S D, ANG Q S, LIU D. Web service technology used in integrated electronic information system based on P2P [J]. Command control & simulation, 2010, 32 (4): 110 – 113.

[115] WU J H J, WU H, PAN X Q. Sea battle field C4ISR system integration technologies [J]. Ship electronic engineering, 2009, 29 (10): 16 – 20.

[116] YANG X F, PENG S L, LIU M B. Numerical simulation of ballast water by SPH method [J]. Intl J Comput Methods, 2012 (9): 1240002.

[117] ZHOU X M, CHU N. Research of service enable command and control system [J]. Command control & simulation, 2010, 32 (3): 12 – 14.

[118] ZHU Z D, HU Y H, WU W G. CAN-based P2P semantic web services composite architecture [J]. Journal of Xi'an Jiaotong University, 2010, 44 (2): 6 – 10.